海のクワガタ採集記

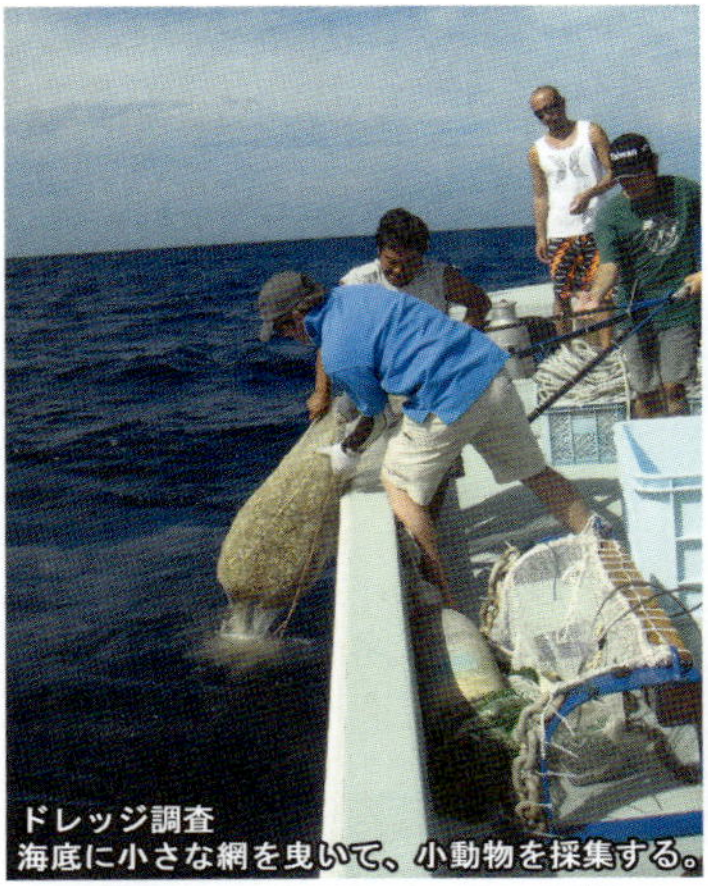

ドレッジ調査
海底に小さな網を曳いて、小動物を採集する。

スキューバによる潜水調査
海底に直接潜って、ウミクワガタ類を採集する。

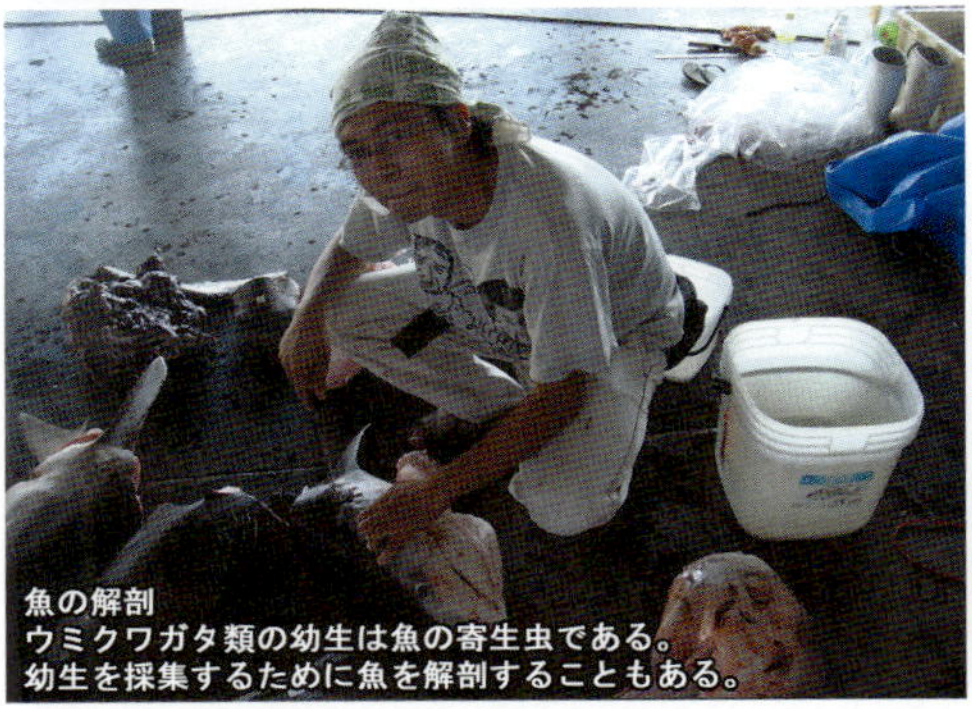

魚の解剖
ウミクワガタ類の幼生は魚の寄生虫である。
幼生を採集するために魚を解剖することもある。

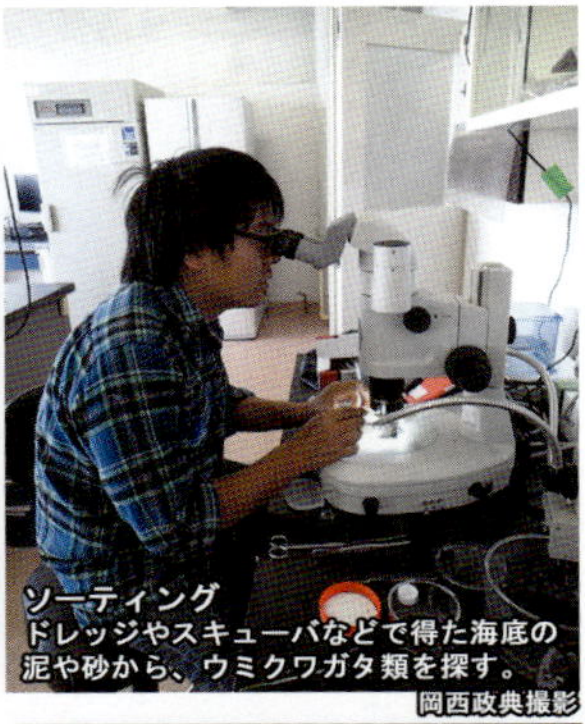

ソーティング
ドレッジやスキューバなどで得た海底の泥や砂から、ウミクワガタ類を探す。

岡西政典撮影

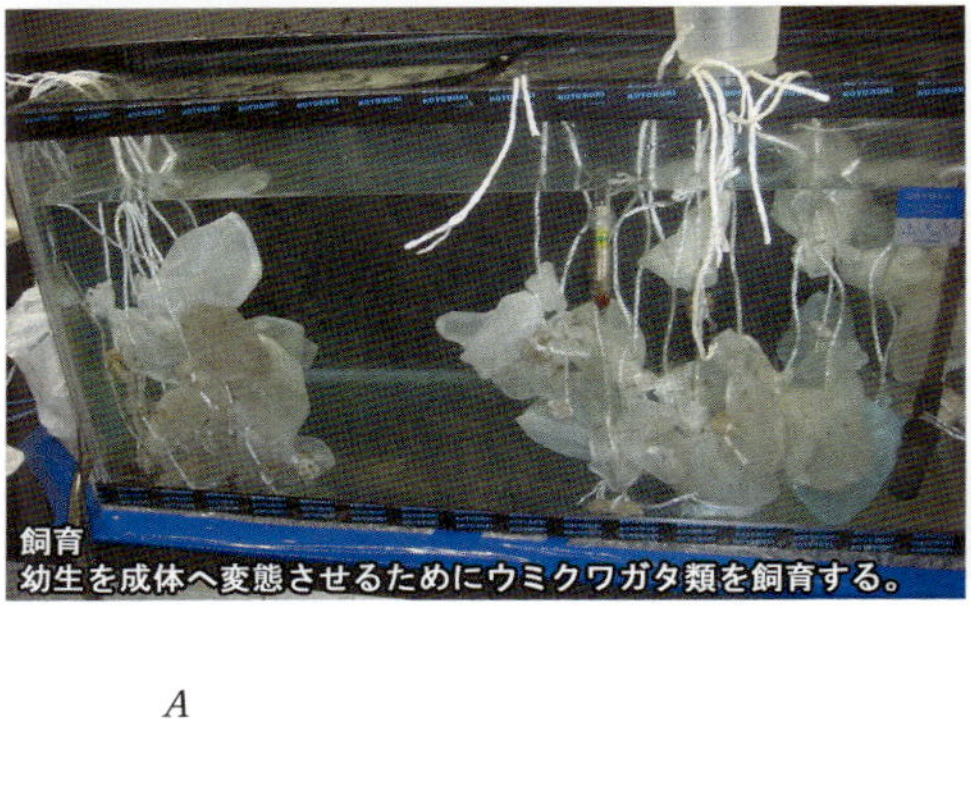

飼育
幼生を成体へ変態させるためにウミクワガタ類を飼育する。

ソーティングで得られた
小型甲殻類

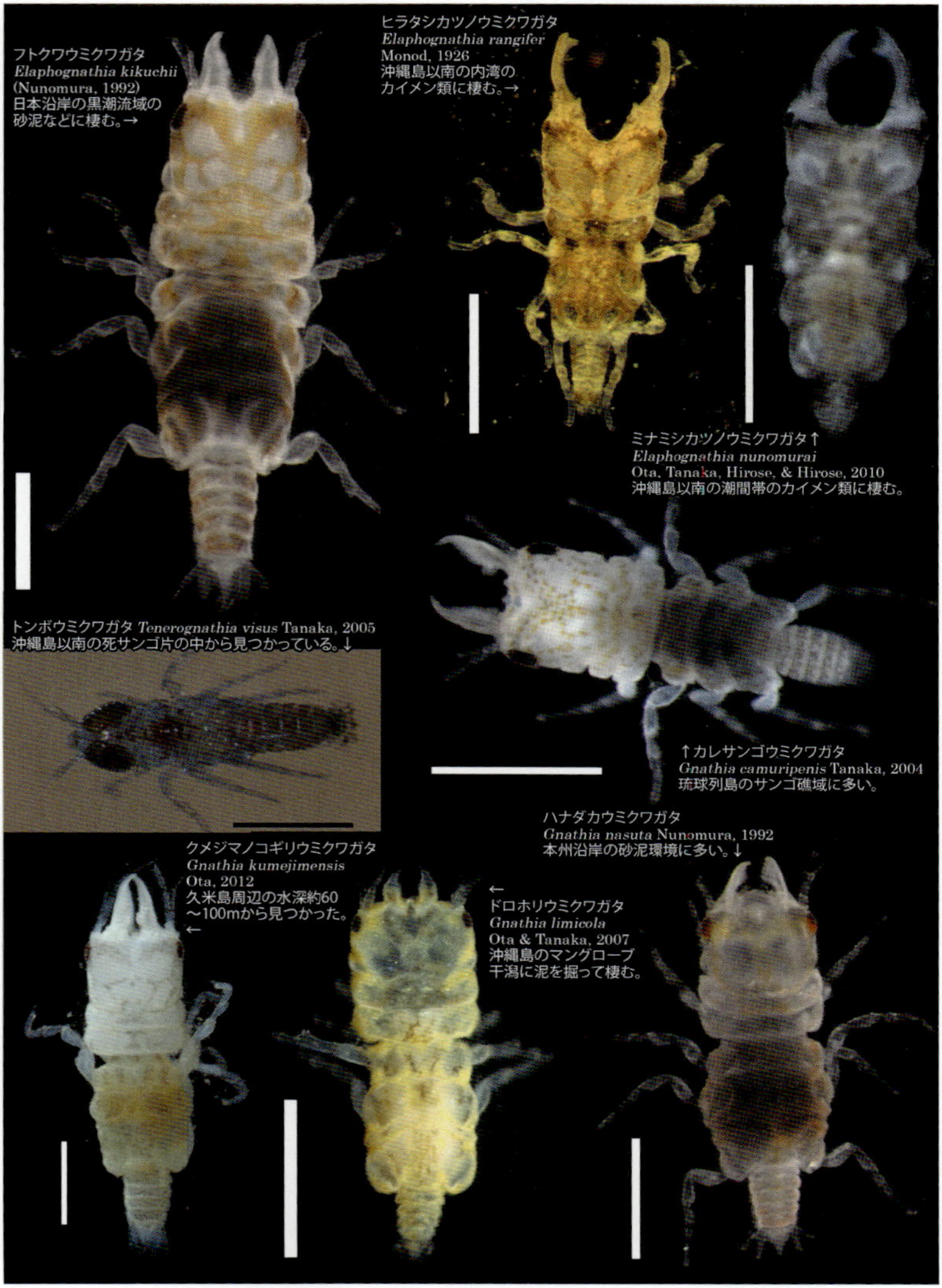
フトクワウミクワガタ
Elaphognathia kikuchii
(Nunomura, 1992)
日本沿岸の黒潮流域の
砂泥などに棲む。→
ヒラタシカツノウミクワガタ
Elaphognathia rangifer
Monod, 1926
沖縄島以南の内湾の
カイメン類に棲む。→
ミナミシカツノウミクワガタ↑
Elaphognathia nunomurai
Ota, Tanaka, Hirose, & Hirose, 2010
沖縄島以南の潮間帯のカイメン類に棲む。
トンボウミクワガタ Tenerognathia visus Tanaka, 2005
沖縄島以南の死サンゴ片の中から見つかっている。↓
↑カレサンゴウミクワガタ
Gnathia camuripenis Tanaka, 2004
琉球列島のサンゴ礁域に多い。
ハナダカウミクワガタ
Gnathia nasuta Nunomura, 1992
本州沿岸の砂泥環境に多い。↓
クメジマノコギリウミクワガタ
Gnathia kumejimensis
Ota, 2012
久米島周辺の水深約60
～100mから見つかった。
←
←
ドロホリウミクワガタ
Gnathia limicola
Ota & Tanaka, 2007
沖縄島のマングローブ
干潟に泥を掘って棲む。

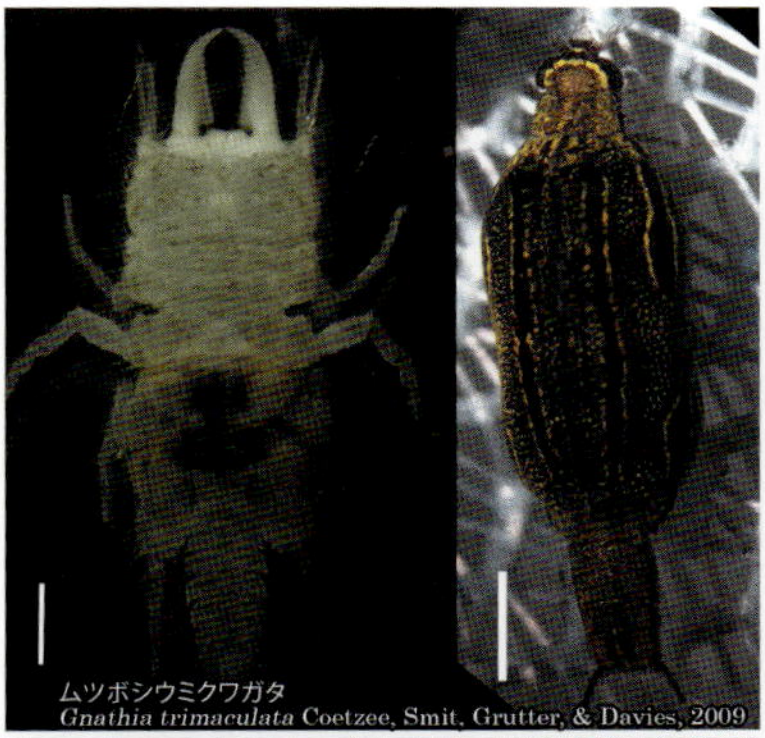

ムツボシウミクワガタ
Gnathia trimaculata Coetzee, Smit, Grutter, & Davies, 2009

ヒイロウミクワガタ（新称） *Gnathia rufescens* Ota, 2015

シモフリウミクワガタ *Gnathia teruyukiae* Ota, 2011

オオウミクワガタ（新称） *Gnathia dejimagi* Ota, 2014

軟骨魚類に寄生するウミクワガタ類幼生と、そのオス成体

成体になる前の３期幼生のみが、軟骨魚類に寄生し、若い幼生は硬骨魚類に寄生する。３期幼生は、模様や色が種ごとに異なっている。スケールは１mm。

→
日本各地に見られるウミクワガタ類

潮間帯から２００mまでの水深で得られたウミクワガタ類。スケールは１mm。

ヤマトシンカイウミクワガタ
Bathygnathia japonica Shimomura & Ohta, 2008

←
深海のウミクワガタ

水深数百m～数千mに棲む、複眼が退化したウミクワガタ。「鼻」が大きく伸び、大アゴは小さい。

近年、三浦半島沖で１００mより浅い海域にも分布していることが明らかになった。幸塚久典採集・撮影。スケールは２mm。

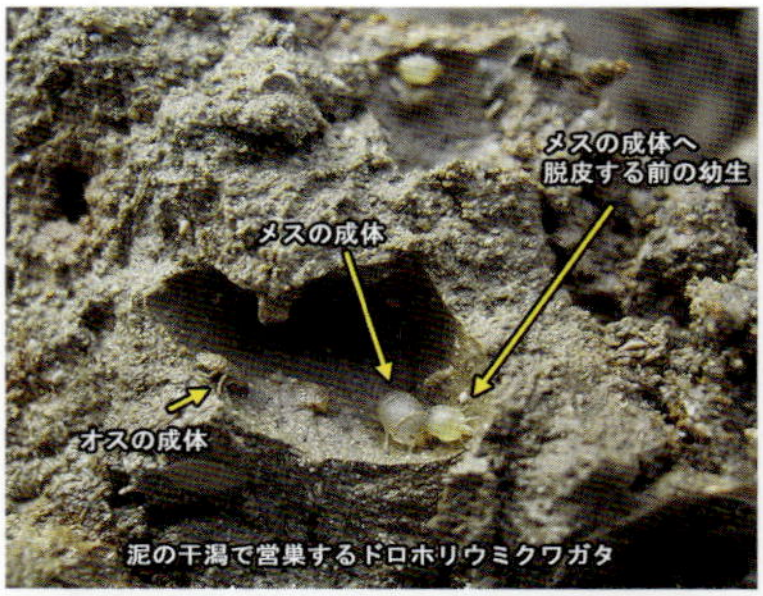

泥の干潟で営巣するドロホリウミクワガタ

カイメンの中に潜んでいた
ミナミシカツノウミクワガタ

カレサンゴウミクワガタの電子顕微鏡画像
大アゴの内側にも歯がある。

ヘビギンポの体表に寄生するウミクワガタ類の幼生
幼生は魚類に付いて一時的に体液を吸う。　星野修撮影

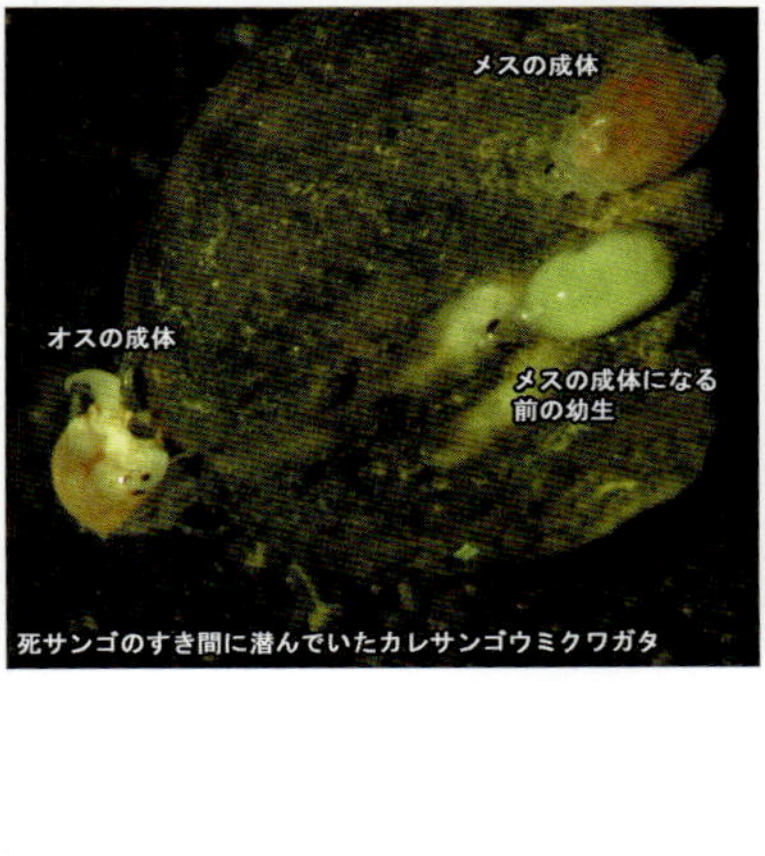

死サンゴのすき間に潜んでいたカレサンゴウミクワガタ

オオテンジクザメのエラに多数寄生したウミクワガタ類の幼生

シリーズ・生命の神秘と不思議

海のクワガタ採集記

―昆虫少年が海へ―

太田 悠造 著

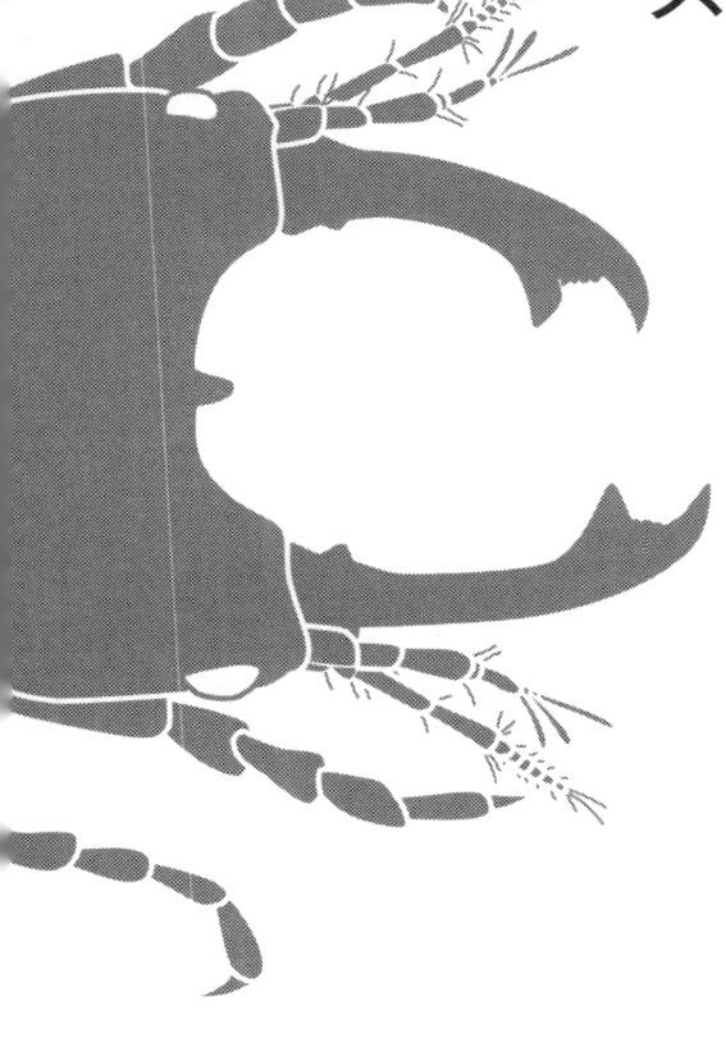

裳華房

まえがき

「海のクワガタ採集記」というタイトルは、とても誤解をまねく。海に進出した昆虫はごくわずかで、クワガタムシは海に棲んでいない。

私は、ウミクワガタという奇妙な動物を中心に研究を続けてきている。その名の通り、クワガタムシに似ているが、昆虫ではなく甲殻類の仲間である。写真でみればわかるが、その証拠として、エビのような尻尾が付いている。

副題のとおり、私は昆虫少年であった。今でこそ海洋生物の専門家として、地域の学芸員として、仕事をさせて頂いているが、何度も熱帯雨林で昆虫採集をする夢を見る。その夢が覚めると決まって思う。まだ心が昆虫少年のままだということを。

そこで本書では、海に棲む甲殻類のウミクワガタを、陸に棲む昆虫と対比しながら話を進めてみたい。

ウミクワガタを含む甲殻類は、昆虫と比べると遥《はる》かに研究が遅れている。棲む世界が人間と異なり、生きた姿が身近ではないからだ。それに甲殻類は、脚が多い。形も紛らわしいものが多い。普及・啓蒙書も昆虫と比べれば圧倒的に少ない。全貌が掴《つか》みにくいのである。

特にウミクワガタは、形にインパクトがあり過ぎで、甲殻類のくせに脚も少ない。むしろ昆虫のようだ。しかも、滅多に採れないし、海洋生物の研究者でも詳しく知らない甲殻類の一つだ。

本書では、私の経験をもとに、知られざるウミクワガタの研究を、読者に楽しんでもらえるように紹介したい。しかし、それでは自己満足で終わる。甲殻類は一般的に知られていないことがあまりにも多い。そこで、1章では甲殻類の仲間を概説し、2章でウミクワガタ類に関する紹介をする構成にした。

甲殻類に限らず、多くの生物は、人と直接のかかわりを持たない。あるいは、そもそも人に認識されていない。人に認識され得るには、多くの基礎研究の積み重ねが必要で、さらに、これらに基づいて平易に書かれた普及書なども必要である。

目立たない基礎研究を重ねるのも、生身の人間だ。膨大なお金と時間と労力と、そして心が、研究にこもっている。

3章では、こうした日の目を見ない見過ごされた動物の研究を、研究者がどのような日々を送りながら営んでいるのか、赤裸々に紹介する。私自身の経験と照らし合わせ、どのような経緯があってこうした研究を続けてきているのか、包み隠さず記してゆきたい。

２０１７年６月

太田悠造

目次

1章　エビやカニは、甲殻類のほんの一部

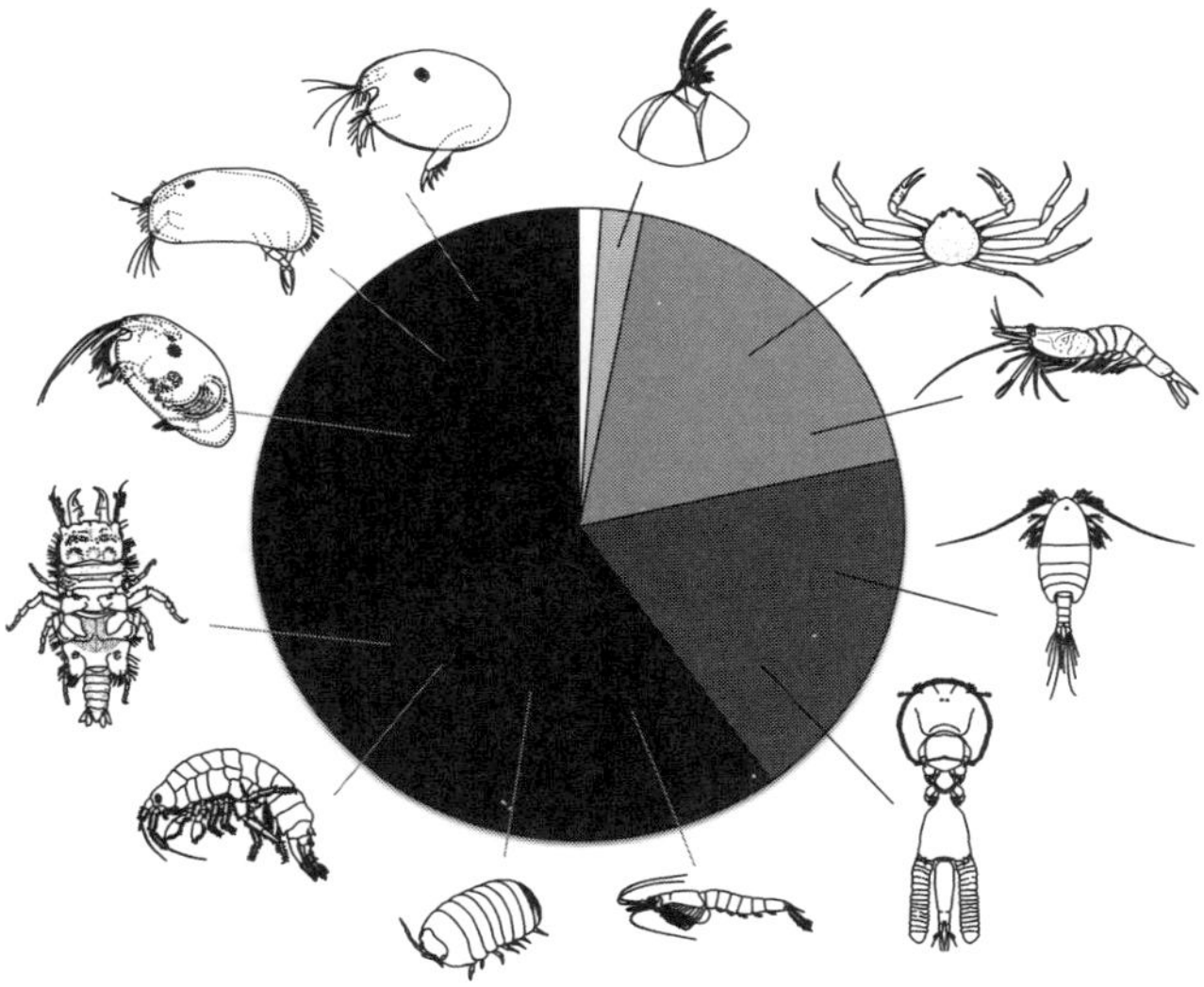

甲殻類の話の前に

甲殻類の話の前に、簡単に生物の分類と、本書における生物の名前について触れておきたい。

生物は、ドメイン、界、門、綱、目、科、属、種、と徐々に細分化されて、分類されている。これらを分類階級と呼び、それぞれの間に、亜門だとか、下綱だとか、共通の特徴をもったグループを便宜的に分けることが多い。また、○○「類」「グループ」という言葉は、本書では分類階級を問わず、○○の仲間という意味で用いる。

生物の種や分類群の名前には、「カブトガニ *Tachypleus tridentatus* (Leach, 1819)」のように、それぞれに和名と学名がある。和名は、「カブトガニ」というように、日本語で名づけられた名前である。日本語でのみ通じる名前なので、日本国内でしか通用せず、慣用的に呼ばれるので分類学的に誤解されることも多い。また、和名が付けられていない生物は多い。一方、学名は「*Tachypleus tridentatus*」のようにアルファベットで付された世界共通の名前で、「(Leach, 1819)」のように命名者と命名した年が続く。冗長となるため、本書では、できる限り和名を用い、誤解を招きそうな場合に説明や学名を付す。

また、なるべく専門的な用語を避けるように執筆しているため、用語は簡略化している。参考文献についても、冗長となるので巻末に記すことにした。

エビとカニは、甲殻類のほんの一部

食卓に並ぶエビやカニ、磯に見られるヤドカリなどは、甲殻類だと説明する必要は無いだろう。だが、人目に触れやすい甲殻類は、氷山の一角に過ぎない。

一般向けの読本として、甲殻類すべてを体系的に論じたものはほとんど無い。あまりにも多くの甲殻類が人と直接関わりがなく、研究者の間だけでしか知られていないからである。また、分類体系も流動的で、分類学的に重要な発見が今もなお続いているので、本としてまとめるということ自体に専門家が消極的なのだろう。

また、各分類群の研究者の専門が縦割りになり過ぎており、「専門外のことを本で書くのは……」と考える研究者が多いという背景もあるかもしれない。

甲殻類について体系的に論じるには、本章ではとても収まりきらないし、この本で紹介するには少々大げさな気もした。しかし、甲殻類にどのようなものがいるのか、どのようなことがわかっていないのか、舌足らずの内容だが、本章で少しでも知って頂ければ幸いである。

甲殻類は節足動物門、甲殻亜門に属するグループだ。節足動物門では、生物の中で最も多くの種が記載されている。節足動物門は、文字通り、節からなる足をもった動物で、甲殻亜門の他に、昆虫類、ムカデやヤスデなどの多足類、鋏角《きょうかく》類などが含まれる。ちなみに、カブトガニ類はカニ

甲殻類

主に水中に棲息し，触角は2対，足は5対以上．体のつくりは様々．

エビ，カニ，ヤドカリ，ダンゴムシ，フナムシ，ミジンコ，フジツボなど

アカテガニ

多足類

主に陸域に棲息し，1対の触角と，多数の足をもつ．胸や腹の区別ができない．

ムカデ，ゲジ，ヤスデなど

オオゲジ

昆虫類

主に陸域に棲息し、1対の触角と，3対の足をもつ．頭，胸，腹の区別がつく．

コガネムシ，クワガタムシ，カミキリムシ，チョウ，ガ，ゴキブリ，アリ，ハチ，カマキリ，バッタ，ハエ，カ，トンボ，カメムシ，ハサミムシなど

ギフチョウ

鋏角類

海にも分布するが，陸に見られるものが多い．触角がなく，鋏角というハサミ状の足をもつ．体は前部と後部で区別できる．

クモ，サソリ，ウミグモ，ダニ，カブトガニなど

南アフリカで撮影したサソリの一種

注；例に挙げた他にも多数の分類群が存在するが，ここでは人目につきやすいものや、有名なグループのみを列挙した．

図 1･1　主要な節足動物の仲間

という和名がついているが、原始的な鋏角類に分類される（図1・1）。

カブトガニ類のように、和名ではカニ、エビなどと呼ばれていても、分類や系統がまったく離れた動物を指すケースが非常に多い。特に甲殻類では、小さくて目立たない分類群が多く、多数の節とそれから生える脚がある。さらに節が癒合したり、消失したりし、とにかく紛らわしい。また、収斂《れん》進化、つまり、似たような環境に棲み、似たようなライフスタイルをとることによって、まったく違う分類群なのに形態が似通うことも起こっている。同じ甲殻類学者でも少し専門の分類群が違えば、種類がわからないこともしばしばある。

次章以降で説明するウミクワガタ類は、その最たる一例である。その前に、甲殻類には、どのようなものがいるのだろうか。

様々な甲殻類［1-1］［1-2］

甲殻類は、ムカデエビ綱、カシラエビ綱、鰓脚綱《さいきゃくこう》、顎脚綱《がっきゃくこう》、軟甲綱の5つの綱に分けられる。ウミクワガタは、軟甲綱のワラジムシ目に含まれているが、これらの5綱に含まれる甲殻類を順を追って手短に説明してゆきたい。次ページに甲殻類の大まかな形を分類群ごとにまとめてみた。

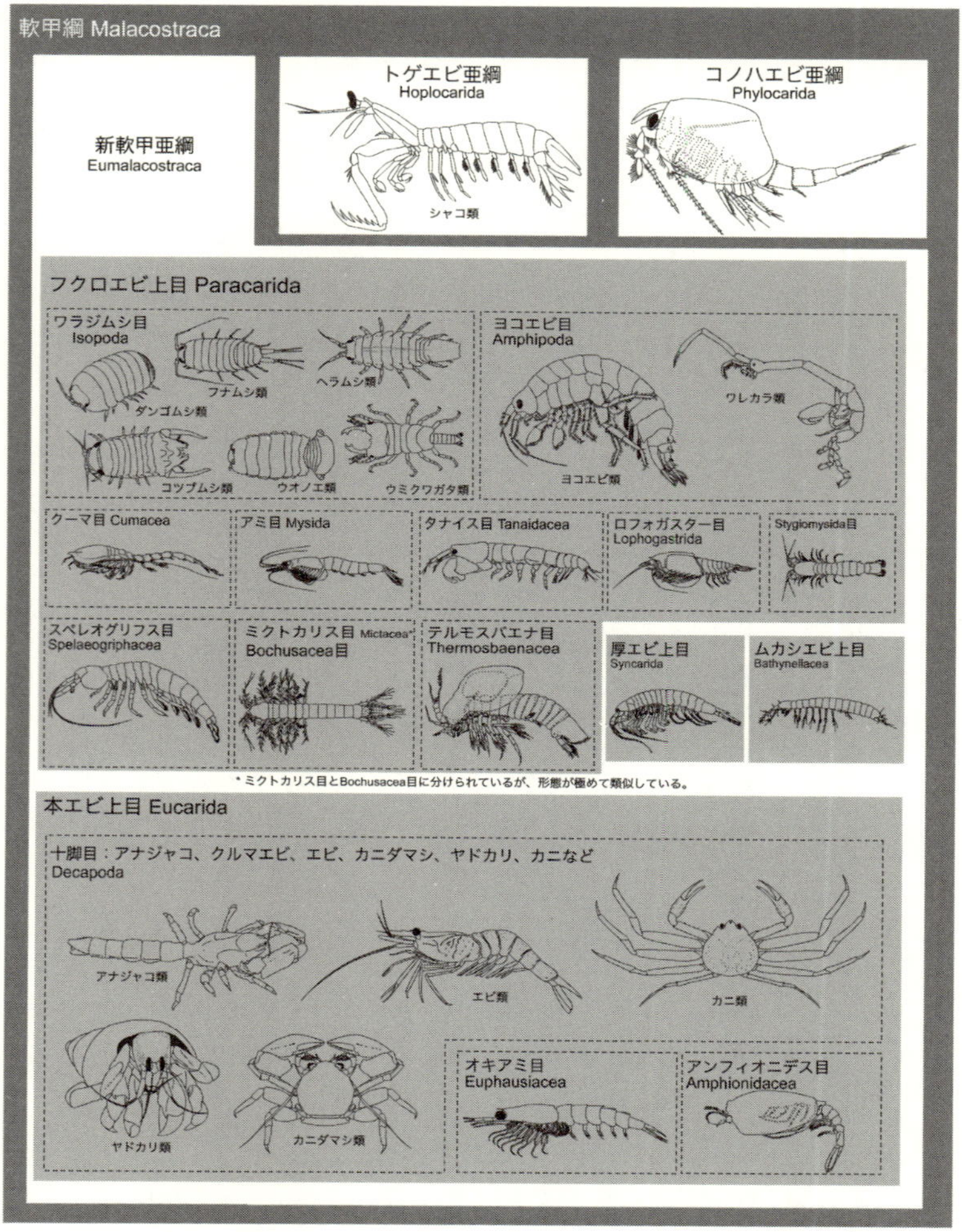

軟甲綱 Malacostraca
新軟甲亜綱
Eumalacostraca
トゲエビ亜綱
Hoplocarida
シャコ類
コノハエビ亜綱
Phylocarida
フクロエビ上目 Paracarida
ワラジムシ目
Isopoda
フナムシ類
ヘラムシ類
ダンゴムシ類
コツブムシ類
ウオノエ類
ウミクワガタ類
ヨコエビ目
Amphipoda
ワレカラ類
ヨコエビ類
クーマ目 Cumacea
アミ目 Mysida
タナイス目 Tanaidacea
ロフォガスター目
Lophogastrida
Stygiomysida目
スペレオグリフス目
Spelaeogriphacea
ミクトカリス目 Mictacea*
Bochusacea目
テルモスバエナ目
Thermosbaenacea
厚エビ上目
Syncarida
ムカシエビ上目
Bathynellacea
* ミクトカリス目とBochusacea目に分けられているが、形態が極めて類似している。
本エビ上目 Eucarida
十脚目：アナジャコ、クルマエビ、エビ、カニダマシ、ヤドカリ、カニなど
Decapoda
アナジャコ類
エビ類
カニ類
ヤドカリ類
カニダマシ類
オキアミ目
Euphausiacea
アンフィオニデス目
Amphionidacea

図 1·2B

節足動物門 Arthropoda

甲殻亜門 Crustacea

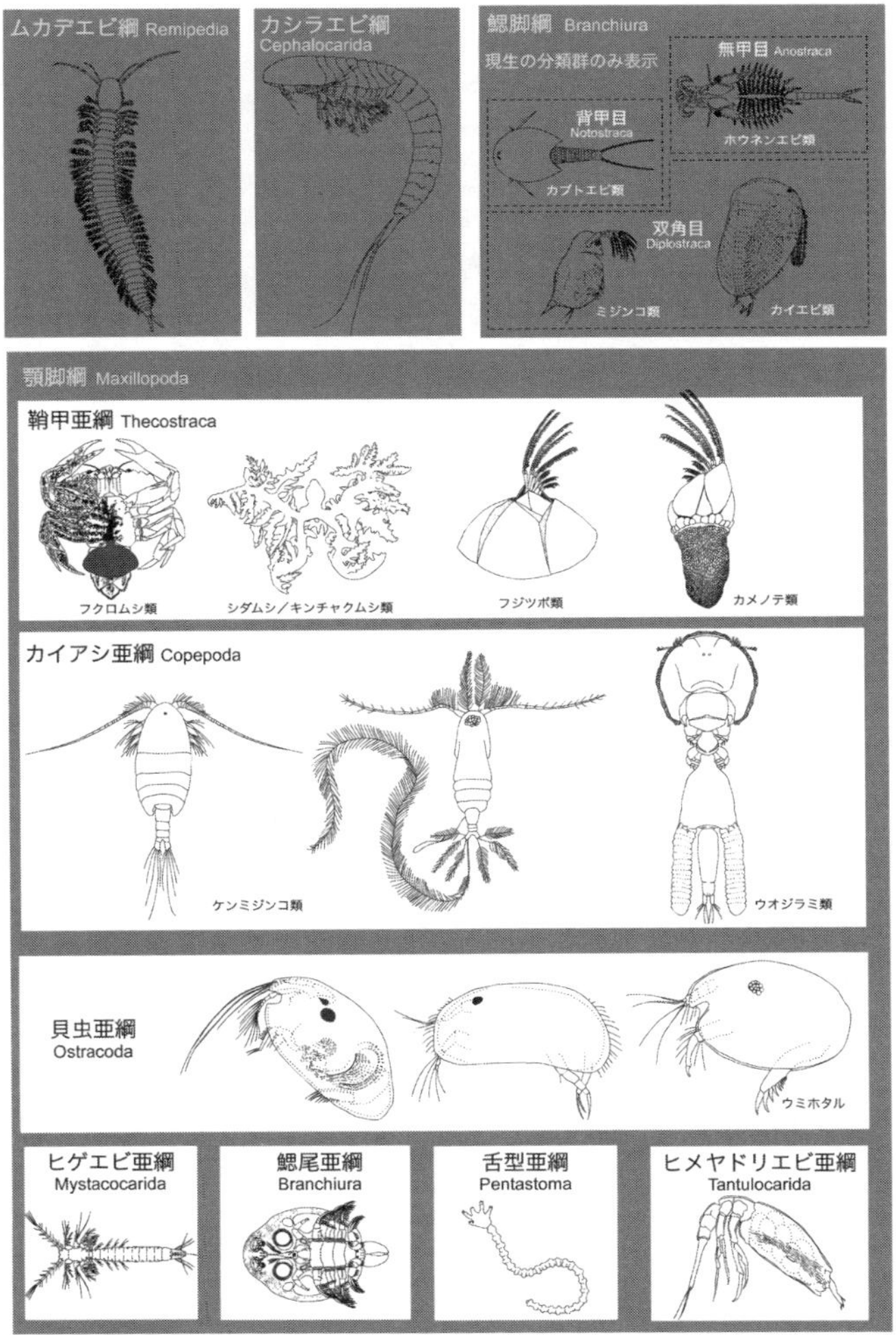

図 1·2A

1 ムカデエビ綱 [1-1]

ムカデエビ綱は、最も原始的な甲殻類の一つと考えられている。全長は4、5センチまで。その名の通り、ムカデのように同じような体節が並んでいる。各節から二叉した遊泳脚が生える。日本からは今のところ見つかっておらず、外国の深海や海底洞窟など、人の手が届きにくい環境からのみ見つかっている（図1・3）。

原始的という言葉を先ほどから用いているが、甲殻類の場合は、節や脚の役割が未分化であることや、何億年も前の地層から化石として発見されている分類群がそのように呼ばれる。

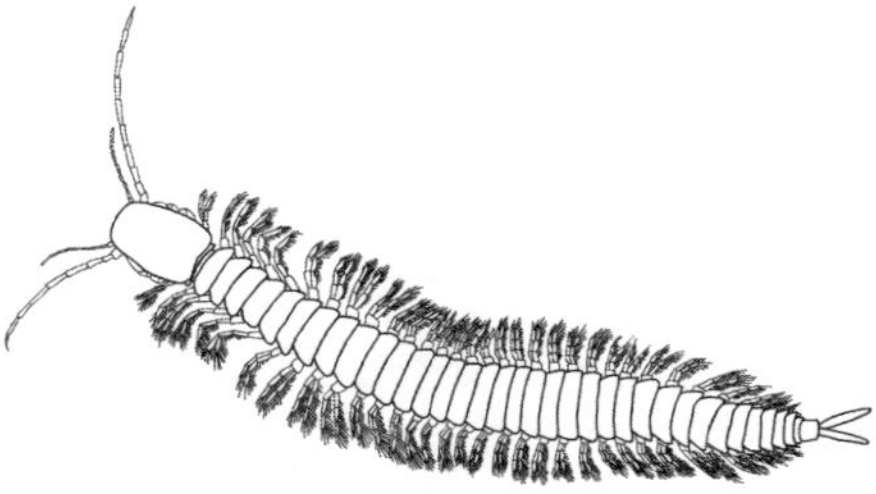

図1·3　ムカデエビ（背側）
他の原始的な甲殻類と同じように体のつくりが未分化で、ムカデのような形態をしている。石川（2008）を複写。

甲殻類の場合、深海や海底洞窟のような特殊な環境で原始的なグループが見つかるケースがしばしばある。ムカデエビ類はその筆頭である。洞窟や深海などの環境に適応しており、複眼は完全に退化し、遊泳脚を波打たせるように泳ぐ。頭部の構造は、陸生多足類のムカデ類によく似ており、強力な大アゴで他の小動物を捕食する [1-3]。

2 カシラエビ綱 [1-1]

世界で12種が知られているのみで、砂に潜って生活をする。日本では、西日本に棲息する種が知られている。アマモなどが生える藻場から見つかるものの、個体数が少なく、レッドデータブックでは準絶滅危惧種に指定されている（図1・4）[1-4]。

海底の砂地は、一見何もいないように見えるが、顕微鏡で覗くと、微小な動物でひしめいている。砂粒のすき間に棲む動物を、間隙《かんげき》性動物と呼ぶ。砂地に潜るのではなく、砂粒のすき間に棲むため、必然的に小さい。カシラエビ類も4ミリにも満たない。間隙環境に特化した甲殻類は多く、後述するカイアシ類、カイムシ類、ヨコエビ類、クーマ類などの多くがこの環境に進出している。膨大な数の種が知られているが、非常に小さく、認識し難いため、研究は発展途上にある。甲殻類以外にも、多くの動物が確認されており、こうした環境でしか見られない動物門もある。

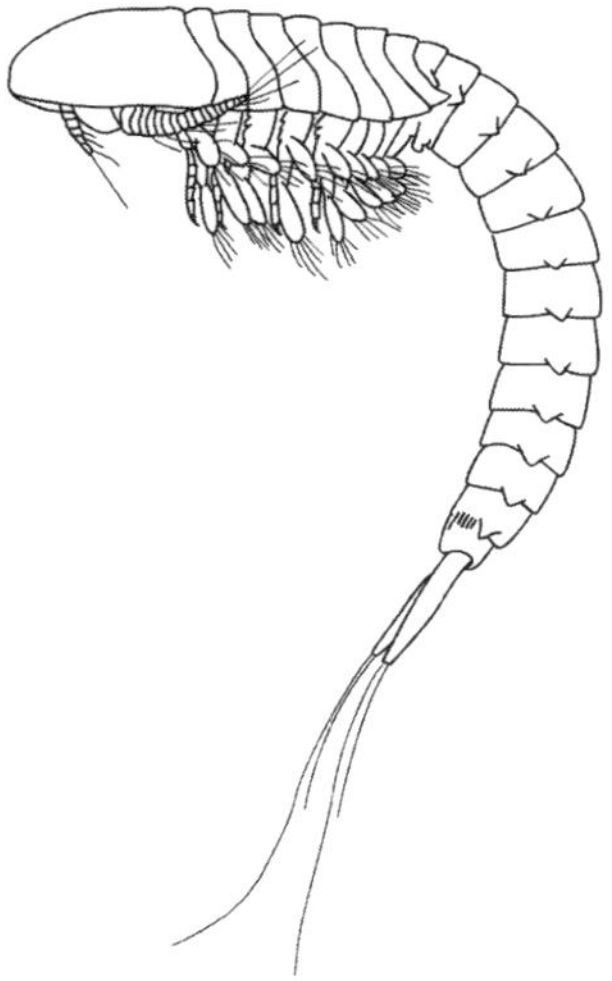

図1·4　カシラエビ（側面）
目と、腹部の足はない。砂などのすき間に棲む。石川（2008）を複写。

3 鰓脚綱《さいきゃくこう》

その名の通り、鰓状《えらじょう》の脚が生えている。かつては海にも栄えていたものの、天敵として魚類が出現するようになり、現在に至るまでに分布域が縮小された。多くは淡水の水田など、一度干上がる環境に棲息し、耐久卵を産み、乾燥しても子孫を残せる工夫をしている。陸水に多いものの、耐久卵などが人や渡りをする動物に付着するせいか、種ごとの分布域が広い。次の3目について紹介する。

3・1 田んぼの妖精 ホウネンエビ目 [1-5]

ホウネンエビ（豊年エビ）や、小型の水生動物に与える餌として知られるブラインシュリンプが含まれる。無甲目ともいわれるように、後述する他の鰓脚類と比較して甲が発達しない。ホウネンエビは、初夏に

図 1･5 ホウネンエビ背面の模式図と生態写真（東広島市）
鰓のような足を動かし、優雅に泳ぐ。初夏の田んぼに見られる。
図は石川（2008）を複写。

水を張った田んぼに現れ、優雅に脚をたなびかせて泳ぐ。英語ではフェアリーシュリンプ（妖精エビ）と呼ばれている（図1・5）。

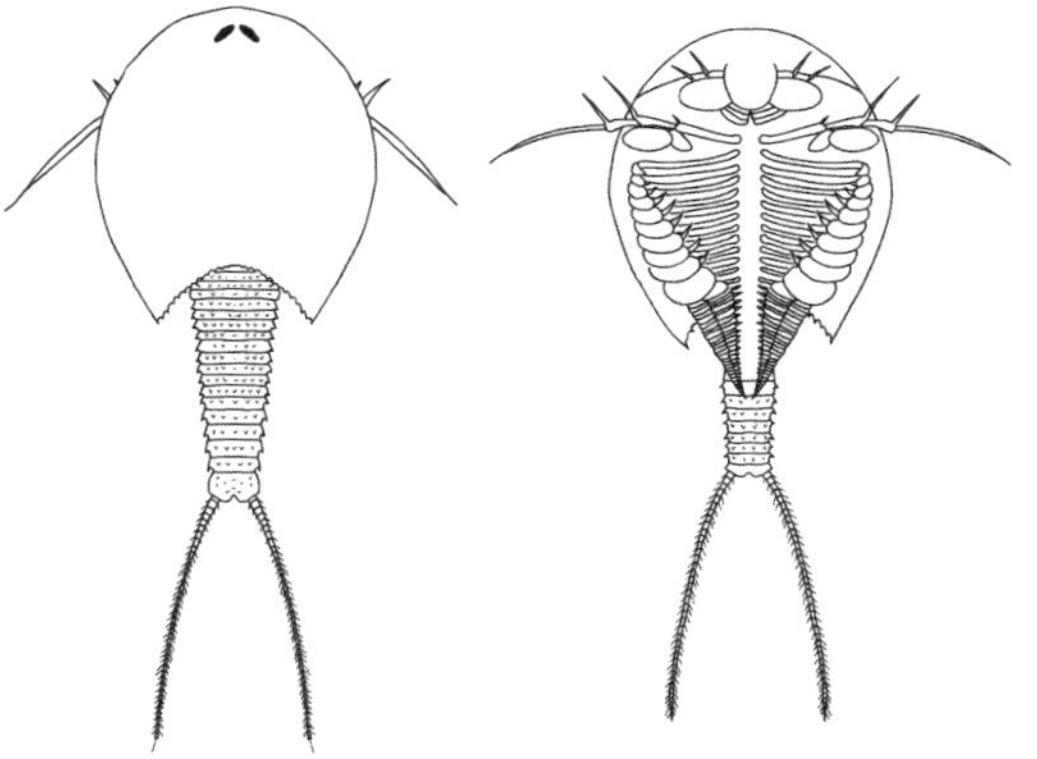

図1·6　カブトエビの背側（左）と腹側（右）
2対ある触角は退化し、短い。1対の足が長く、甲から出ている。石川（2008）を複写。

3・2　軟らかい甲羅　カブトエビ目 [1-6]

カブトエビも、ホウネンエビと共に初夏の水田に現れる甲殻類だ。鋏角類《きょうかくるい》のカブトガニと名前が紛らわしい上に、一見姿もよく似ている。しかし、歩くための脚が無く、脚の数が多い。体の大きさも、カブトガニ類と比べ、5センチ以下と小さい。日本には、アジアカブトエビ、ヨーロッパカブトエビ、アメリカカブトエビの3種が棲むが、すべて外来種である。実際に、人の少ない地域の水田ではあまりお目にかかれず、都市に近い田んぼに見られることが多い。北極付近の亜寒帯・寒帯域には、ヘラオカブトエビという別の属がいる。見かけによらず、甲は軟らかい（図1・6）。

3・3　柔軟な環境適応　ミジンコ目 [1-5]

ミジンコ類は、前述したホウネンエビやカブトエビよりも比較的新しい時代に出現し、種数も多い。海のプランクトンとしても知られるが、圧倒的に淡水に多い。また、水底を這《は》い回る種や、水底の砂などに潜る種、水草の上に棲む種、他のミジンコを食べる大型種など、生活様式が多様化している。

ミジンコ類は基本的にメスのみで、無性的に増える。単為生殖で、どんどん数を増やすことができるが、環境が悪くなると、オスが生まれるようになる。オスは交接するために触角が著しく伸長する。有性生殖を行い、受精卵として耐久卵が作られ、次世代へ残される。人にとって扱い易いので、実験動物として活用されてきた。

カブトミジンコなど、一部の種では、天敵がいる環境になると、トゲが発達し食べられにくいように形態が変化することも知られている。

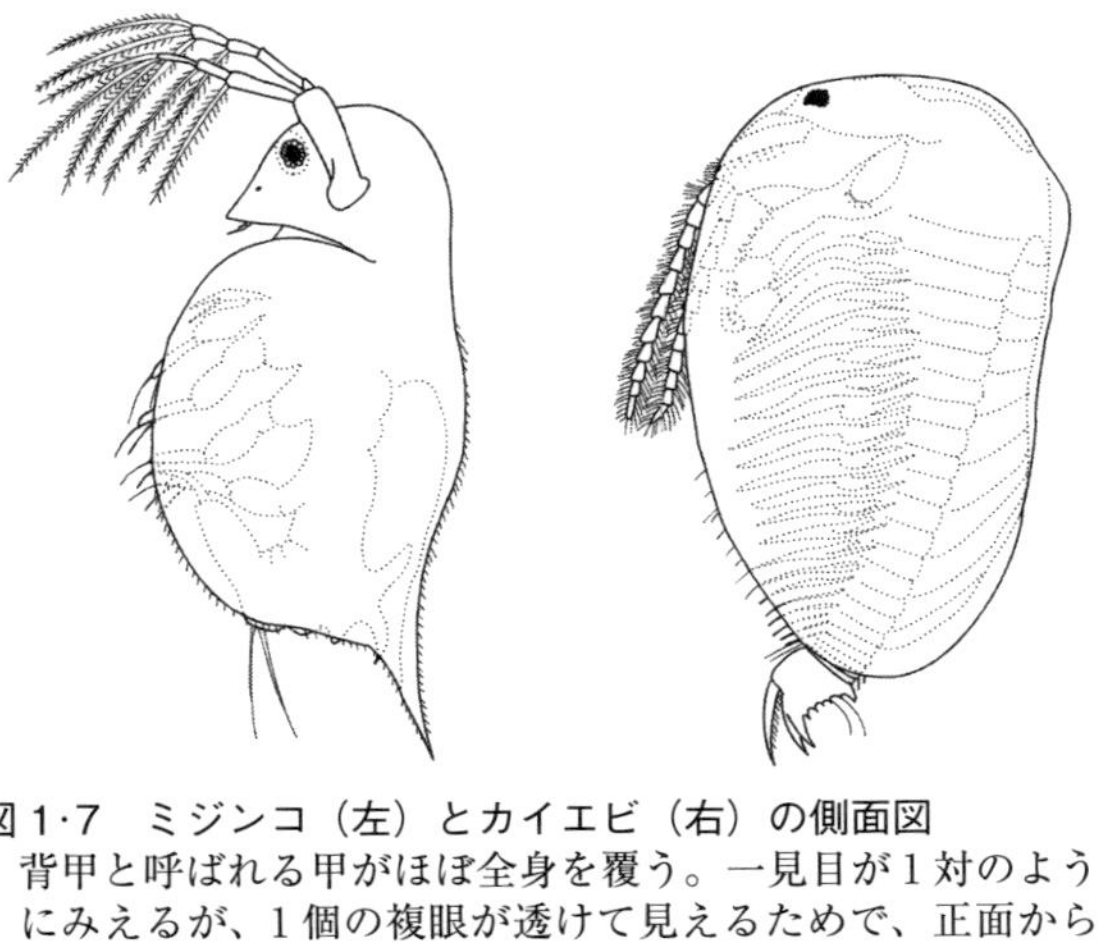

図1·7　ミジンコ（左）とカイエビ（右）の側面図
背甲と呼ばれる甲がほぼ全身を覆う。一見目が1対のようにみえるが、1個の複眼が透けて見えるためで、正面からは1つ目小僧のような外見となる。石川（2008）を複写。

また、日本の初夏の水田には、カイエビという黒っぽい、二枚貝のような甲殻類もいる。小豆ぐらいの大きさになり、水田を泳いでいる姿はよく目立つ。後述するカイムシ類に姿がそっくりで、名前も紛らわしい（図1・7）。

4　顎《がっ》脚《きゃく》綱《こう》

後述する軟甲綱と共に、多数の分類群が含まれ、生態系で重要な位置を担っているものが多い。次の7つの亜綱に分けられる。

4・1　付着生活に特化した甲殻類　鞘甲亜綱

主に付着生活に特化した甲殻類で、最も有名なのはフジツボ類だろう。一方で、寄生生活に適応した分類群として、フクロムシ類やシダムシ類などが挙げられる。次の3グループを紹介する。

4・1・1　脚で招いて餌を摂る　フジツボ類　[1-7] [1-8]

フジツボ類は、磯や防波堤におびただしく付着しており、19世紀頃までは貝類と混同されてきた。フジツボの殻は、甲殻類の甲羅とは似て非なるもので、体の外側へ分泌したセメント（石灰

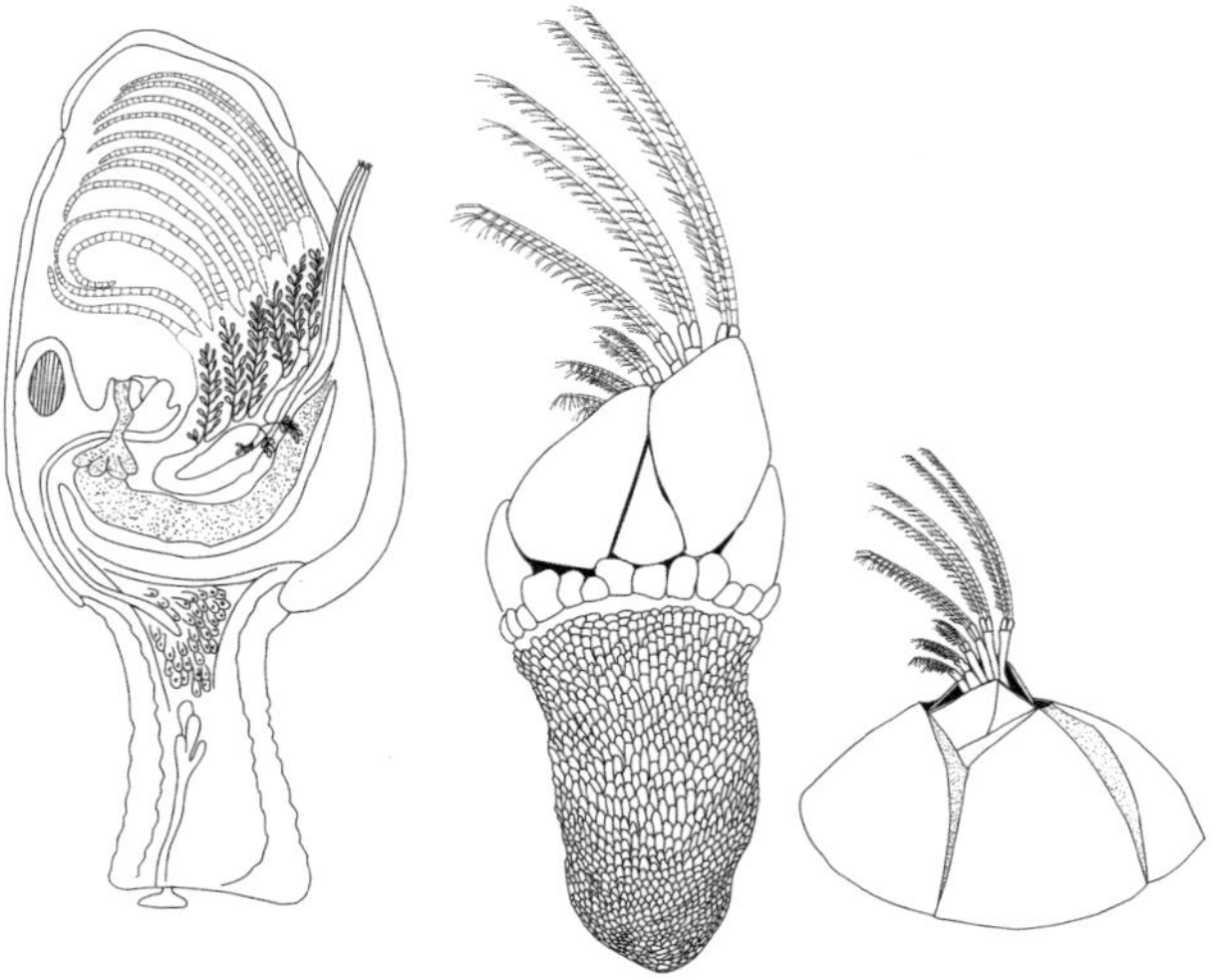

図1·8　フジツボ類

フジツボ類は、触角の付け根にあるセメント腺からセメントを分泌し、固着する。蔓脚は、胸の脚に相当し、逆立ちの状態で固着している。左図は石川（2008）を複写。

質）からなる。甲殻類の甲羅の表面はクチクラ層でできている。セメントでできた殻の内部は軟体部と蔓脚（まんきゃく／つるあし）からなり、蔓脚を外に出してプランクトンを捕まえて食べる。

フジツボ類は柄のあるグループと無いグループに大別される。磯の珍味として知られるカメノテや、漂流物に付着するエボシガイも、広く言えばフジツボの仲間で、柄のあるフジツボである。柄のあるフジツボ類は柄のないグループより原始的で、多くの種が深海に棲息している（図1・8）。

付着するところも様々で、岩だけ

でなく、カニの甲羅やウニの針上、漂着物や、ウミガメの甲羅、クジラの体表など、多岐にわたる。世界中で記載されているフジツボ類は千種ほどで、他の甲殻類と比べ種数は少ない。しかし、人との直接的なかかわりはきわめて深い。

フジツボ類は、船底に付着することで、船の操業の妨げになる汚損動物として認識されてきた。フジツボ類が船底に付くことで、水流との摩擦が大きくなり、船の速度が著しく減少するのである。フジツボが付くことで船の燃費が悪くなるので、これを防ぐための塗料が研究、開発されてきた。

フジツボ類の有益な側面からも研究例は多い。付着するための器官であるセメント腺があり、水中で用いている。これを応用して、水中で使える接着剤の研究もなされている。一部の大型化する種は、食用にもなっており、日本やチリなどで養殖されている。

フジツボ類については、『フジツボ類の最新学』（日本付着生物学会、２００５）や『フジツボ—魅惑の足まねき』（倉谷、２００９）が詳しい。

４・１・２　甲殻類に寄生する甲殻類　フクロムシ類 [1-9]

磯遊びで、カニの「ふんどし」（正確には腹部）と胴体の間から、卵ではなく袋状のものがはみ出しているのを見たことがあるだろうか。これがフクロムシで、フクロムシ類は、カニだけで

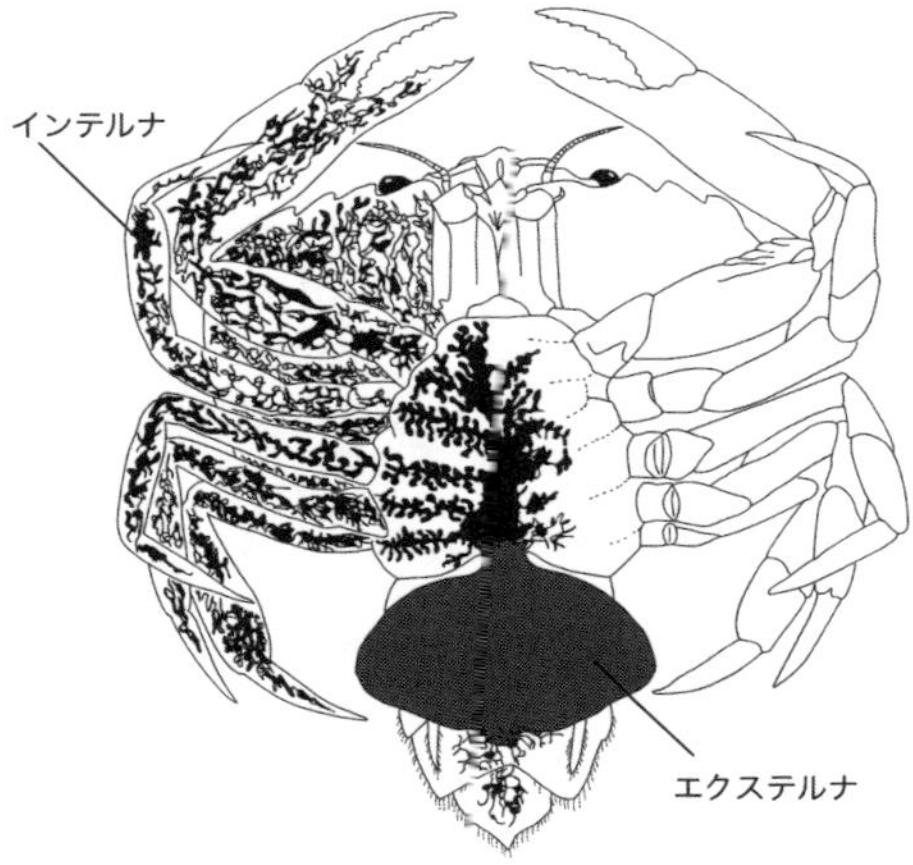

図1·9　フクロムシ
宿主の内部にある部分をインテルナ、袋の部分をエクステルナと呼ぶ。エクステルナは卵の詰まった袋で、フクロムシの幼生はこの袋から出てゆく。石川（2008）を複写。

なくエビやヤドカリ類などにも寄生する。幼生期の形態の特徴などから、フジツボ類に近縁である。

メスは幼生期に宿主の体表に付くと、針を突き刺し、宿主の体内に多数の細胞からなる塊を注入する。その細胞は宿主の体内に入り、養分を得ながら網目状に細胞を張り巡らせる。フクロムシの本体と考えられているのは、生殖機能を備えた袋である。一方、オスは、幼生とほとんど同じ形をしており、メスと比べて非常に小さいため、矮雄《わいゆう》と呼ばれる。オスは成熟したメスの袋の中に入って交尾する（図1・9）。

4・1・3　知らないと一生認識できない　シダムシ・キンチャクムシ類 [1-10]

シダムシ・キンチャクムシ類は、ウニやヒトデなどの棘皮動物や、サンゴなどの刺胞動物に寄生する。その名の通り、メスの成体はシダ植物状や巾着状になっており、フクロムシと同様に甲殻類の原形を留めていない。しかも、宿主の体内に寄生していると、内臓のように見える。体表面に寄生していても、べったり不規則な形で付着しており、他の付着動物とまったく見分けがつかない。見過ごされやすい動物の好例だ（図1・10）。

図1·10　シダムシ類
シダのように体が分岐し、ヒトデなどの体腔に入っている。オスは大きくならず、矮雄となる（右）。（室健太郎撮影の写真から複写）

コラム①　矮《わい》雄《ゆう》

メスに対しオスが極端に小さくなる現象があり、ドワーフ・メイル Dwarf male と呼ばれる。この言葉は、甲殻類でよく用いられ、例えば、寄生性甲殻類のフクロムシ類、カイアシ類、ヤドリムシ類などに見られる。

寄生性甲殻類では、宿主に体を固定したり、体内に棲む場合、メスの体が大きくなり、できるだけ卵を多く産めるように進化しやすいようだ。これは、なるべく多くの子孫を残し、少しでも宿主にたどり着けるようにするためと考えられる。一方で、オスは、幼生期を短縮し、矮小のままメスと交尾する。オスはほとんど精子を渡すだけの存在で、無駄がない生き方ではあるが、はかなくも見える。

矮雄は寄生性の種にとどまらず、深海性フジツボのミョウガガイ類でも知られている。深海魚のチョウチンアンコウの仲間も、オスは矮小で、メスに癒合《ゆごう》してしまうものが知られている。

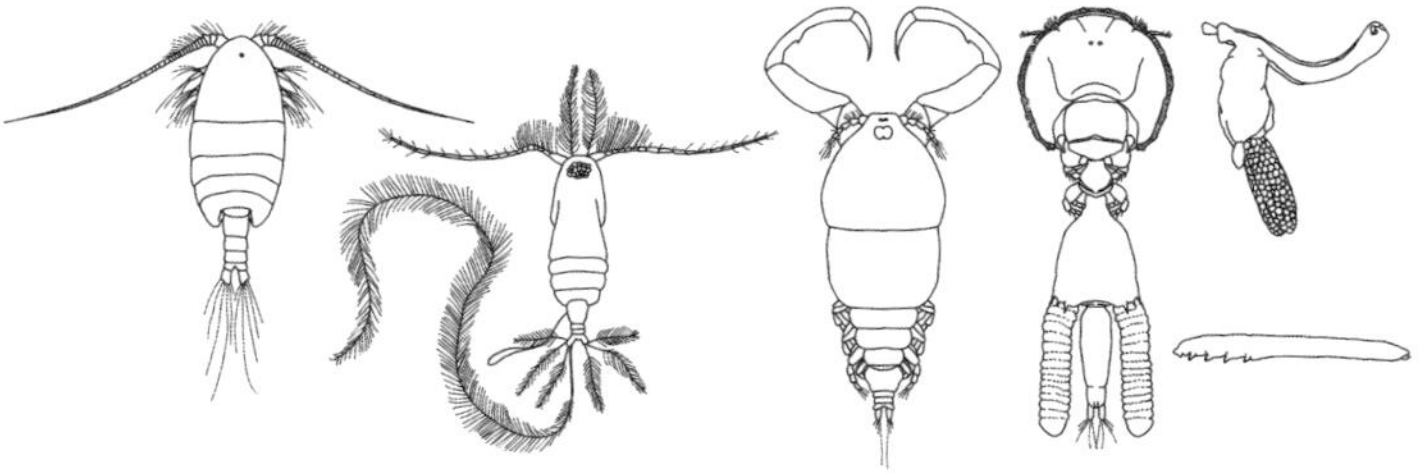

図 1・11　カイアシ類
触角をオールのように動かしてピコピコ泳ぐ。右の 4 種のように、寄生生活する種は形態が著しく多様化し、原形を留めないものも多い。右の 5 つの図は、Brusca & Brusca (2003) を複写。

4・2　あらゆる水圏環境に適応

カイアシ亜綱（橈脚《とうきゃく》亜綱）[1-11] [1-12]

カイアシ類は、理科の授業で観察するケンミジンコが代表的だ。研究者の間では、学名のコペポーダ（Copepoda）を略して「コペ」と呼ばれている。

カイアシ類は非常に種類が多く、約1万5千種が知られる。海や淡水などの主要なプランクトンとして知られ、生態系を支える上で重要な役割を担っている。しかし、それだけではない。ちょっとした水たまりや落ち葉の下に棲む種も知られ、水底の砂粒のすき間に棲む種も多い。

カイアシ類の半分の種数が何らかの形で、他の生物と共生・寄生生活を送っていると言われる。特に寄生性カイアシ類は寄生部位や宿主、寄生の度合いが種によって異なり、形態が著しく多様化している（図1・11）。カイアシ類は最も種数の多い寄生性甲殻類と言って良いだろう。魚類に寄生するカイアシ類では、体表、体内、鰓《えら》、鰭《ひれ》の他に、眼の表面、鼻《び》孔《こう》、側線鱗《そくせんりん》の中に専門的に寄生する種までいる。生活史も多様化している。海に棲む寄生性カイアシ類は、魚類や鯨類などの脊椎動物だけでなく、ウニやヒトデなどの棘皮動物、ウミウシやイカなどの軟体動物など、広範な分類群が宿主となっている。

カイアシ類については、『カイアシ類学入門』（長澤、２００５）や『カイアシ類・水平進化という戦略』（大塚、２００６）が詳しい。

４・３　現生種よりも化石研究がさかん　カイムシ亜綱　[1-5]

貝虫《かいむし》と呼ばれるように、２枚の殻が体全体を覆っている。多くは0.5～４ミリほどの体長である。貝形虫《かいけいちゅう》、介形虫《かいけいちゅう》、カイミジンコ、オストラと、様々な呼び名がある。現生種だけでも２万５千種以上が知られる。現生種よりも多くの化石種が記載されている。ポドコーパ類とミオドコーパ類に大別される。

ポドコーパ類は、２枚の殻が化石として残りやすい。ポドコーパ類の化石は非常に小さく、微化石として、地層から産出される。化石として残るカイムシ類は、当時の環境を知る上で重要な手がかりとなることがあり、地学的側面で重要な甲殻類だ。

現生種で一般的に知られているのは、ミオドコーパ類に含まれるウミホタルだろう。発光生物として有名である。

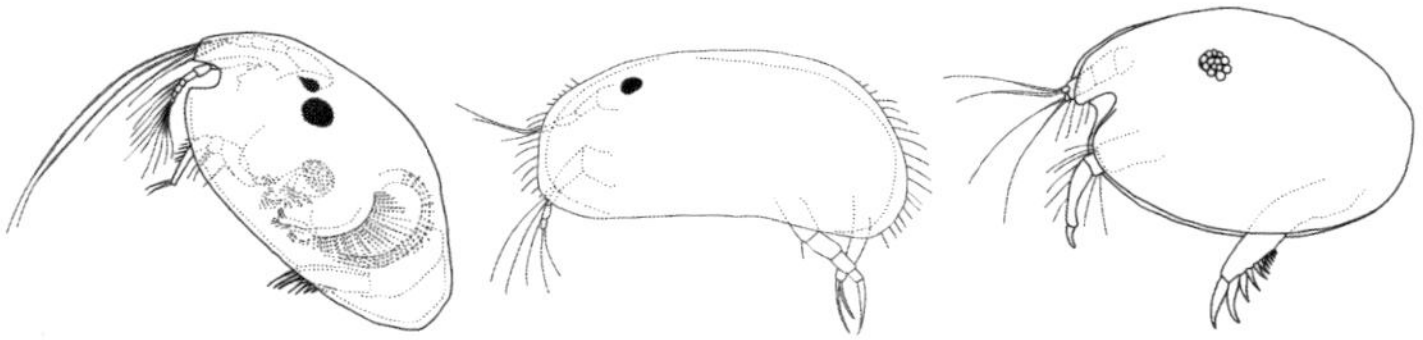

図1·12　カイムシ類
ミジンコ類のように甲が全身を覆うが、内部の体のつくりがまったく異なる。殻は化石として残りやすく、古生物学的研究が盛んに行われている。左の2つは石川（2008）を複写。右の図はウミホタル。

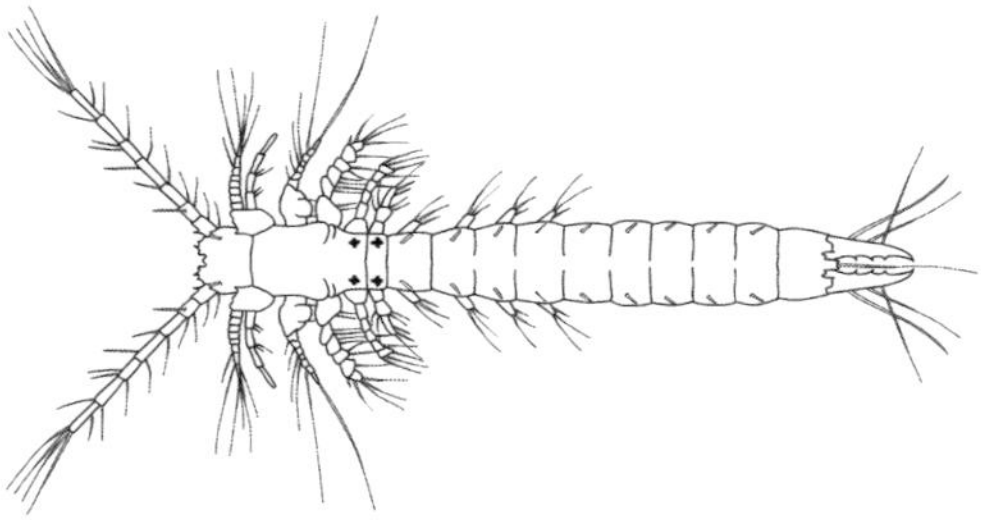

図1·13　ヒゲエビ類
カイアシ類やカイムシ類と比べると著しく種数が少ない。原始的な特徴をもつ顎脚類と考えられている。石川（2008）を模写。

ウミホタルを含む多くのカイムシ類は意外と獰猛《どうもう》な側面をもっており、強い肉食性のものが多い。ウミホタルは、水中に肉片を入れると群がって食べる様子が観察できる。多くは水底や、砂礫《されき》の間、その付近を泳ぎ回り、懸濁物《けんだくぶつ》や腐食《ふしょく》した動植物を食べる（図1・12）。

4・4　砂に潜って暮らす

ヒゲエビ亜綱 [1-1]

先ほど紹介したカシラエビ類以外にも、砂に潜って暮らす小型甲殻類は多い。海底にある砂を篩《ふる》えば、前述の貝形虫や、底性のカイ

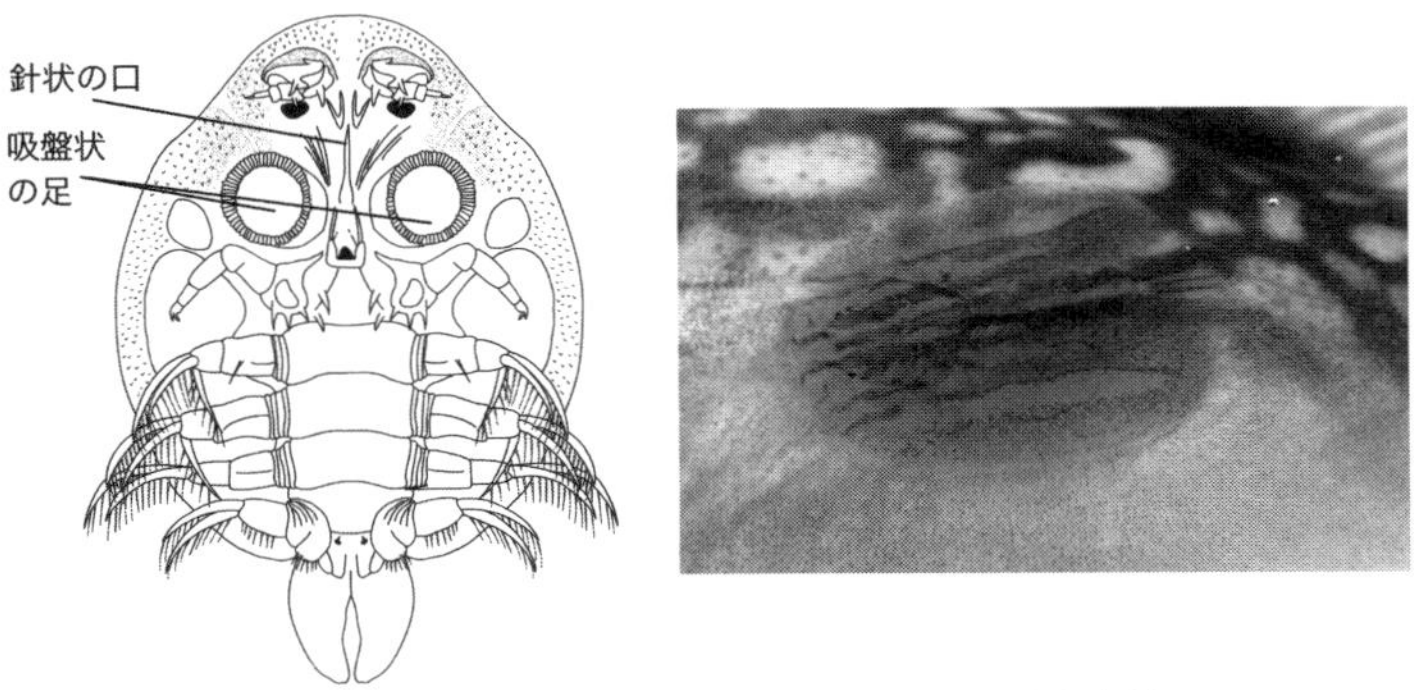

図1·14　エラオ類の腹面図（左）とチョウ属の一種（右）

写真は瀬戸内海で得られたショウサイフグの体表に外部寄生しているところ。体全体が扁平で、水の抵抗をなるべく少なくしているようである。図は、石川（2008）より複写。

アシ類などがまず見つかるだろう。ヒゲエビ類もその一つだ。世界で13種のみが見つかっており、潮間帯の砂のすき間に棲む1ミリ以下の甲殻類であるために、よほど注意して探さない限り気がつかない。その名の通り、長い触角が特徴であるが、体の後端にある大きな枝状肢も特徴的だ（図1・13）。

4・5　吸盤をもった甲殻類　エラオ亜綱 [1-9]

エラオ類という、淡水魚類中心に寄生する甲殻類もいる。「エラオ」は鰓尾に由来するが、各種の和名には「チョウ」が付く。1対の脚が吸盤状になっており、魚の体表に付着する。針状になった口で魚の体液を吸う。すべての種が魚の体表に付き、産卵は水底で行われる。

日本では比較的稀で、あまりお目にかかれないが、養殖池で大発生し、問題を起こすこともある。多くの種は淡水に棲むが、写真のように海に棲息する種もいる（図1・14）。

4・6 何の仲間か、長年謎だった シタムシ亜綱 [1-1]

シタムシ類は、両生類、爬虫類、鳥類、哺乳類の肺や鼻腔に寄生する。宿主はいずれも陸上脊椎動物だ。シタムシ類は長く扁平な寄生虫だ。全長が1センチから15センチもあり、古くから知られていた（図1・15）。

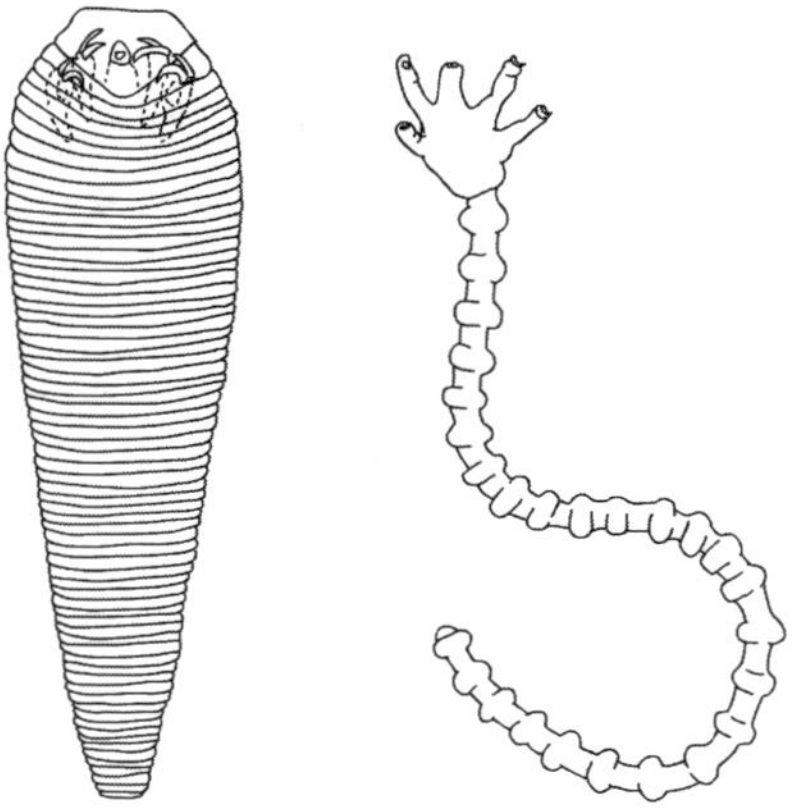

図1・15 シタムシ類
口の付近に4つの爪や脚があり、体が扁平である。Brusca & Brusca (2003) より複写。

体の中にいる寄生虫と言えば、サナダムシやアニサキスなどが代表的だ。しかし、サナダムシは扁形動物門に含まれ、プラナリアなどに近い仲間だ。アニサキスは線形動物門に含まれる。いずれも体節構造がまったくない。シタムシ類が何の仲間かは、長い間議論されてきた。幼生の形態や卵巣、精子の構造から、甲殻類と考える研究者もいたが、あまりにも甲殻類の棲む世界とかけ離れているので、長い間決着がつかなかった。ようやく、DNAの系統解析によって、甲殻類の仲間で、エラオ類に近いということが明らかになった。どのような進化を経て、シタムシ類が陸上脊椎動物の体内に棲むようになったのか、とても興味深い。

4・7　微小な甲殻類に寄生する、さらに微小なヒメヤドリエビ亜綱 [1-13]

多くの小型甲殻類は、プランクトンとして浮遊したり、海の底に隠れて棲息する。こうした小さな甲殻類の体の一部に、さらに小さな甲殻類が寄生している。ヒメヤドリエビの仲間は、底性のカイアシ類などの体表に外部寄生する。図1・16は、成熟したメスとオスだが、これらは宿主上では見つからない。

通常は単為生殖しているものと見られ、卵の入ったタンツルス幼生と呼ばれるステージが小型甲殻類の体表面に付着しており、卵の入った袋だけが膨らんで目立つ。とは言っても、微小甲殻類の体表面についた卵の袋なので、こういう生物がいることを知らなければ、見過ごされてしまうだろう。

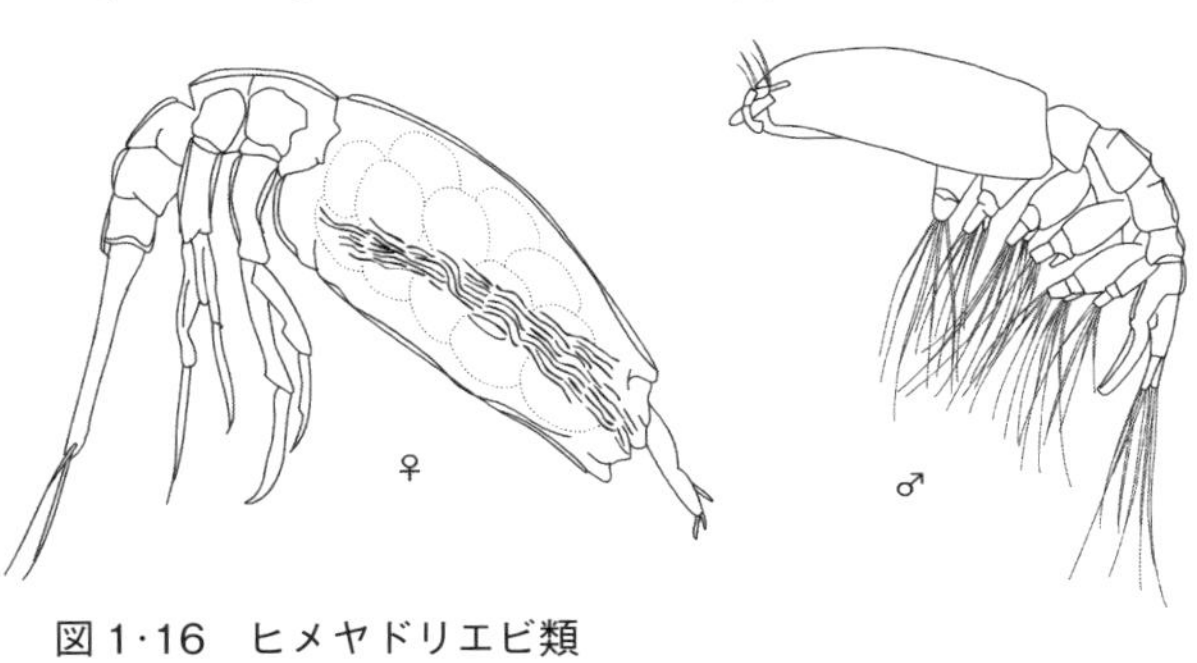

図1·16　ヒメヤドリエビ類
成体でも全長1ミリほど。多くは卵の入ったタンツルス幼生としてみつかる。石川（2008）より複写。

コラム② WoRMS《ワームズ》と甲殻類の種数

地球上に知られている生物の種数は、正確にはわからない。生物の種を数えるためには、新種として報告された論文などを集める必要がある。しかし、あまりにも膨大な数で、様々な言語で書かれており、入手すら困難なものがある。また、本来は同じ種として良いものが、二つ以上の種名で記されていたり、複数種が同じ種として扱われていたりすることもあるからだ。

正確に生物の種数を把握する取り組みは、多くの研究者が試みている。最も妥当な取り組みだと考えられているのが、各々の研究者が記載された種を地道に数え、これらを統合することだ。これに関しては、いくつものデータベースができている。特に十脚類以外の甲殻類の分野では、World Register of Marine Species というデータベースが充実してきている。頭文字からWoRMS《ワームズ》という。このデータベースは、世界中の現役研究者が種のリストを編集するもので、日々更新される[1-14]。

本書の中で具体的な甲殻類の種数を出しているのは、WoRMSなどを参照したものだ。ただし、この数字も完璧ではなく、分類群によっては他のデータベースを参照しているものもある。もし、本気で分類学的な研究をするのならば、自ら論文を集めて、種のリストを作ることから始め、出来れば、実際に命名に使われた標本を見ることだ。

WoRMSなどを参照して甲殻類の種数を表にしてみた。これによると、エビやカニ類はほんの一部で、多くが数ミリ以下の小型甲殻類であることがわかる。

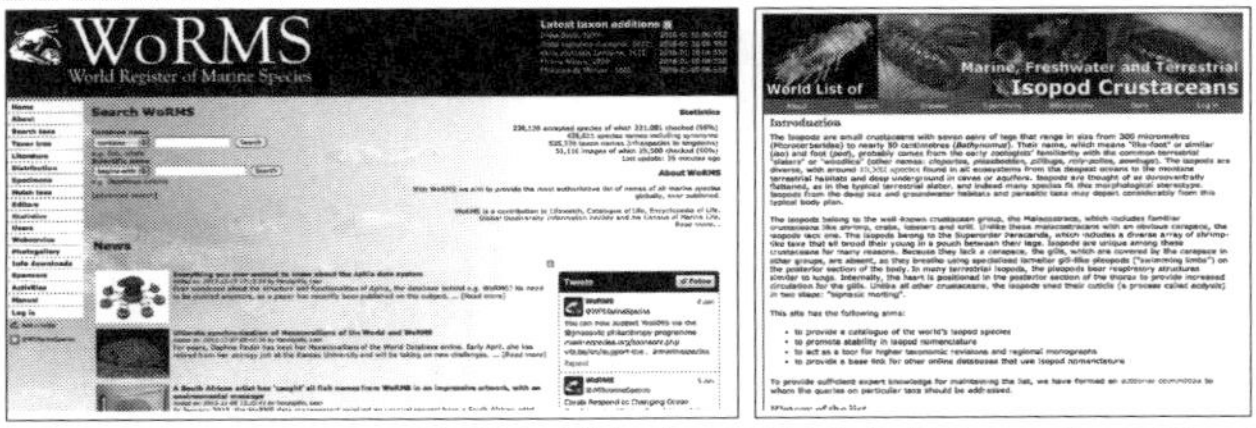

WoRMSのホームページ画面（左）とワラジムシ目Isopodaのデータベースのホームページ画面（右）
世界中の現役研究者が、知識をもち寄って種のリストや、それに付随する文献などを登録してゆく。種を登録すると、自動的に種数がカウントされる。編集は、招待された研究者でないと行えない。

表1　世界の甲殻類の種数

分類群	種数	出典
ムカデエビ綱	27	WoRMS
カシラエビ綱	12	WoRMS
鰓脚綱	100	WoRMS
顎脚綱		
鞘甲亜綱	1700	WoRMS
カイアシ亜綱	15000	Copepod Database [1-15]
貝虫亜綱	25000	Cohen *et al.* (2007) [1-16]
ヒゲエビ亜綱	13	WoRMS
鰓尾亜綱	180	Rohde (2005) [1-9]
舌形亜綱	27	WoRMS
ヒメヤドリエビ亜綱	36	WoRMS
軟甲綱		
トゲエビ亜綱	480	WoRMS
コノハエビ亜綱	54	WoRMS
フクロエビ上目	24000	表2を参照
本エビ上目	15000	De Garve *et al.* (2009) [1-17]
合計概算種数	81629	

表2　世界のフクロエビ上目の種数

ワラジムシ目	10300	Isopoda Database [1-18]
ヨコエビ目	9800	Amphipoda Database [1-19]
クーマ目	1729	Cumacea Database [1-20]
タナイス目	900	Blazewicz-Paszkowycz *et al.* (2012) [1-21]
アミ目	1132	Kenneth *et al.* (2015) [1-22]
ミクトカリス目	1	WoRMS
ロフォガスター目	53	WoRMS
テルモスバエナ目	35	WoRMS
スペレオグリフス目	4	WoRMS
Stygomysida 目	16	Kenneth *et al.* (2015) [1-22]
Bochusacea 目	6	WoRMS
合計概算種数	23976	

＊データベースは2015年12月に参照し、最新の文献と照合した。最新の文献と照合して、明らかにデータベースよりも種数が少ない場合、各文献をたどり、参照した。

5 軟甲綱

コノハエビ亜綱、トゲエビ亜綱、新軟甲亜綱の3つの亜綱に大別される。軟らかい甲という名があるが、フジツボ類などの固い甲との比較で付いた名である。実際は大型のカニ類など、固い甲をもつものもいる。

5・1 薄い甲 コノハエビ亜綱 [1-1]

木の葉のような平たい左右の甲をもっている。DNAによる系統解析の結果、原始的な軟甲綱とされている。潮間帯から水深5千メートルまでの海域、海底洞窟などから見つかっている。海の底で、懸濁物や生物の死骸などを食べている（図1・17）。

5・2 ユニークな武器を発達させた トゲエビ亜綱 [1-5]

寿司ネタにもなるシャコの仲間で、口脚《こうきゃく》類とも呼ばれる。

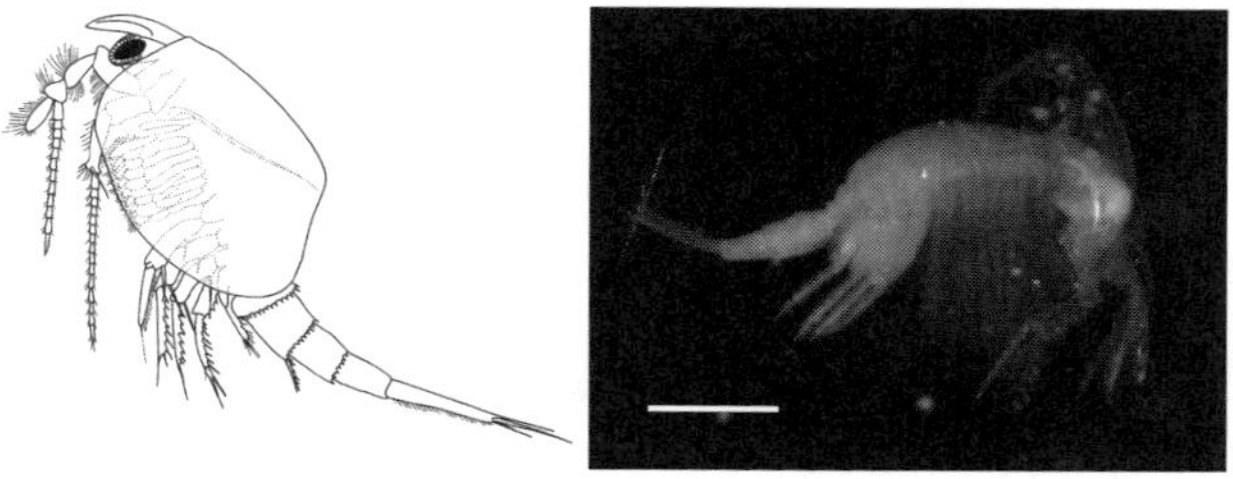

図1·17 コノハエビ類の側面図（左）と写真（右）
写真は筆者が、沖縄島の水深約30メートルの死サンゴ岩から採集した標本。スケールは1ミリ。図は石川（2008）より複写。

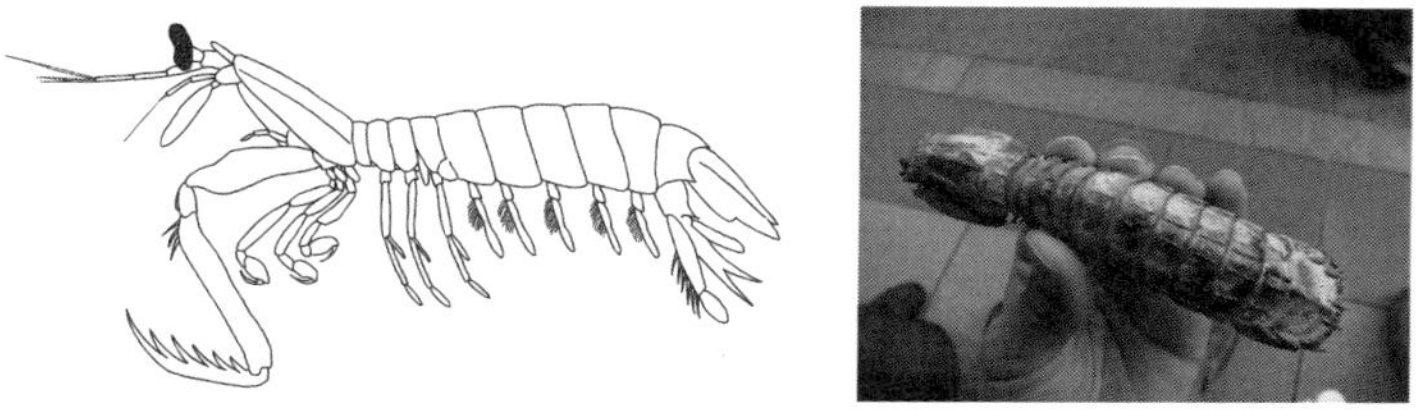

図 1·18　シャコの側面図（左）とシャコの姿焼き（右）
腹部の筋肉が発達し、すばやく海底を這い回る。しばしば食用として利用され、おいしい。瀬戸内地方などでは、シャコがたくさん売られている。図は石川（2008）より複写。

名前の由来となる口脚は、鎌状《かまじょう》になっていたり、強力なパンチを繰り出す棍棒《こんぼう》状の脚となっている。鎌状の脚になっているシャコは、マンティス・シュリンプ（カマキリ・エビ）と呼ばれるが、昆虫のカマキリの鎌とは上下の向きが逆である。たくさん採れる所では食用となる。棍棒状の脚になっているシャコ類は、南方系で、暖かい海に種類が多く、鮮やかな色彩のものが多い（図1・18）。

5・3　新軟甲亜綱

フクロエビ上目と本エビ上目の二つが最も種数が多い。この他に厚エビ上目とムカシエビ上目が含まれる。厚エビ上目は、南半球の陸水にわずかに分布しており、日本からは見つかっていない。ムカシエビ上目は世界中の、主に地下水に分布している。ここでは、フクロエビ上目と本エビ上目について紹介したい。

5・3・1　フクロエビ上目

胸部に卵を抱くための「フクロ」（育房《いくぼう》）をもつ甲殻類で、11目が知られる。卵がふ化するまで抱き、プランクトン期を経ずに親のミニチュアが生まれる。生まれたばかりの子供は、親の形とほぼ同じだが、脚が1対足りない。この子供を、マンカ幼体と呼ぶ。フクロエビ類は、成体でも2センチ以下の小さな種が多いが、深海域や寒冷な高緯度地域では大型化する種も多い。

5・3・1・1　陸域に最も適応　ワラジムシ目（等脚目《とうきゃくもく》）

本書の主人公である、ウミクワガタはワラジムシ目に含まれる。ワラジムシ類はダンゴムシやダイオウグソクムシが一般的に知られている。ワラジムシ類は約1万種が知られるが、約半数が陸生である。陸生ワラジムシ類は、海岸沿いから砂漠、高山に至るまで分布している。本来水中に棲む甲殻類が、どのように陸域に適応してきたか、国外では比較的多くの研究がなされてきた。

ダンゴムシやワラジムシ類は陸域への進出に成功した主要な甲殻類だ。本来は鰓呼吸を行う甲殻類だが、これら陸生のワラジムシ類は、腹肢に酸素を取り込むための構造が発達した。甲殻類における腹肢は、遊泳のために発達しており、ウチワ状となっている。私たちに身近なエビ類にも立派な腹肢が備わっており、「クルマエビの食べる部分にたくさん付いている足のようなもの」と言えばわかるだろうか。ワラジムシ類の場合は、腹肢はふつう5対あって、これらを波打たせ

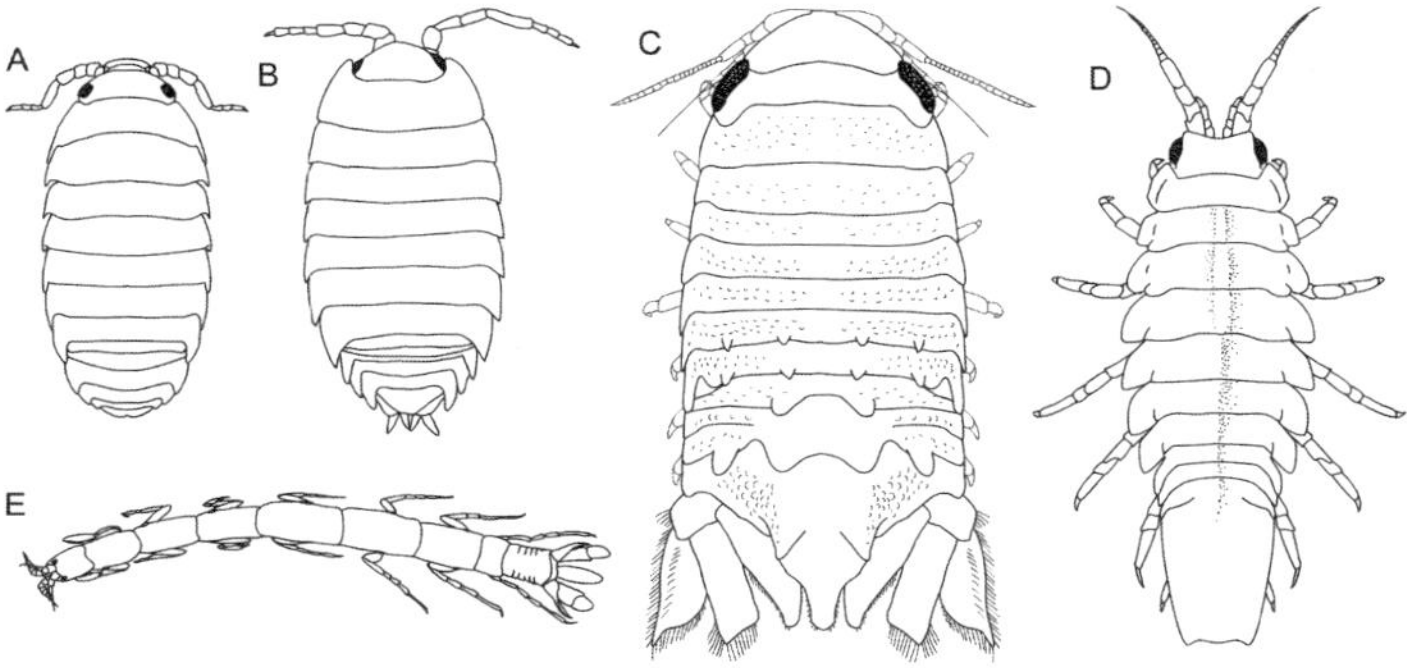

図 1·19　ワラジムシ類
最も陸域に進出した甲殻類で、陸生のものは土壌動物として広く知られている。A. オカダンゴムシ（陸生）　B. タマワラジムシの一種（陸生）　C. ニホンコツブムシ（水生）　D. ナガレモヘラムシ（水生）　E. ウミナナフシの一種（水生）。

ながら遊泳する。

陸域に進出したダンゴムシやワラジムシ類は、もはや遊泳する必要などない。腹肢は酸素をとりこむための器官として発達した。彼らの腹肢を拡大してみると、細かい凹凸がたくさんあり、表面積をなるべく大きくするように変化している。特に乾燥地に棲むような種の場合、孔があり、その中には多くの凹凸構造ができた空間が存在し、ガス交換を行う肺のような器官となっている [1-23]。

陸生ワラジムシ類と比べて、ウミクワガタ類を含む水生ワラジムシ類の研究例は少ない。しかし、様々な寄生生活者や形態が多様化した種が多く、私はこうした面白さに惹かれて、研究を始めることになった。寄生性のワラジムシ類については次章で説明したい（図 1・19）。

あまりにも陸生のダンゴムシやワラジムシ類が身近なので、海にくらすワラジムシ類は、一部の巨大種を除き、あまりよく知られていない。しかし、磯へ行って、石をひっくり返したり、海藻をよく観察してみると、次に紹介するヨコエビ類と一緒に、たくさんの水生ワラジムシが観察できる。ダンゴムシのように丸まるものは、コツブムシの仲間だ。肉眼で認識することは難しいが、小さくて細長い体のウミナナフシの仲間もいる。比較的大きく目につくのは、ヘラムシの仲間だろうか。エビやカニと比べて、目立たないが、こういう生き物がいるという視点に立って海に出れば、たいがい見つかる。しかし、水生のワラジムシ類の多くは、分類や生態などの基本的な情報が少ない。

5・3・1・2　生態系の影の立役者　ヨコエビ目（端脚目《たんきゃくもく》）

ヨコエビ類は、少なくとも日本では馴染みが薄い。1センチ以下の種が多く、すばやく動いて逃げるので、知らないとヨコエビ類と認識できない。記録されている種数だけで1万種近くある。浅い海で生物相の調査をすると必ずと言っていいほど目に入るので、潜在的な生物量は極めて多いと個人的に思っている。しかし、似たような形態の種が多く、種の判別が難しいことが、研究の足枷になっている。日本沿岸に、どのような種のヨコエビ類がいて、どのような分布をしているのか、基本的な情報すら乏しいのが現状である。この状況は海産の小型甲殻類に共通してい

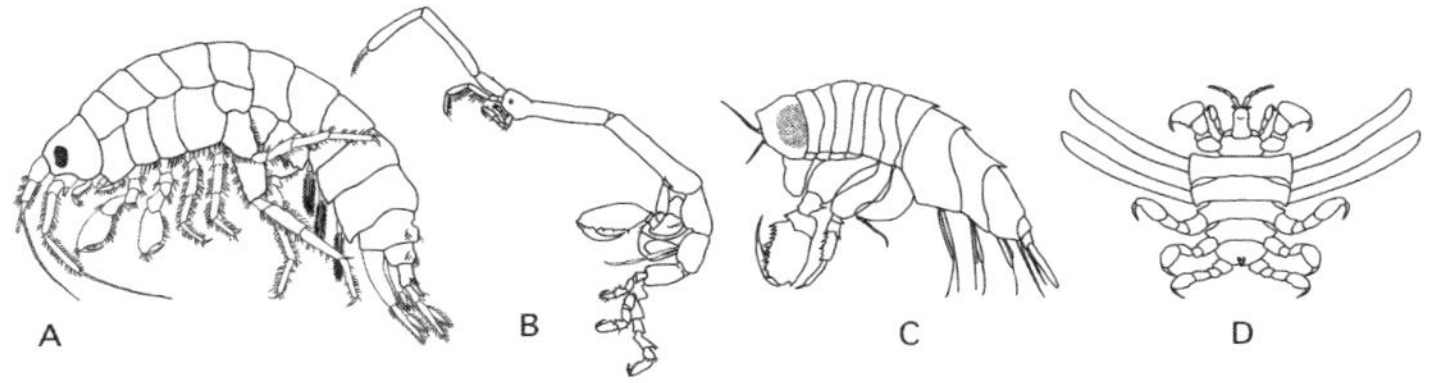

図1·20　ヨコエビ類
A. 基本的に縦に扁平な小型甲殻類で、一部は陸域に適応している。B. ワレカラ類は、藻類などの上でプランクトンを食べて暮らす。C. クラゲノミ・タルマワシ類、頭部のほぼ全てが複眼となる。D. クジラジラミ類、腹部がほぼ退化し、葉状に伸びた鰓がある。A, B は石川（2008）、C,D は Brusca & Brusca (2003) より複写。

る（図1・20）。

海藻の上をせわしなく動く、ワレカラという甲殻類をご存知だろうか。ワレカラもヨコエビ類に含まれる。岩などのすき間に潜むヨコエビとは異なり、ワレカラ類は鎌状の脚を器用に使って、浮遊するプランクトンなどを食べる。

クラゲ類などゼリー状のプランクトンに依存するヨコエビ類もいる。クラゲノミ類は、複眼が著しく発達しており、頭部がほぼすべて複眼になっている。クラゲ類に乗って、その組織を食べて暮らす。

また、タルマワシというユニークなヨコエビ類もいる。タルマワシは漢字で「樽回し」と書く。ここでいう樽とは、樽状の透明なプランクトンのウミタルやサルパの仲間で、クラゲのような外見だが、ホヤに近い仲間である。タルマワシの仲間は、これを餌と棲み家として利用し、あたかも樽を回しているような姿から名づけられたのだろう。

クジラジラミという、鯨類の体表面にだけ付くヨコエビ類もいる。横というよりも縦に扁平になっている。主にヒゲクジラ類の体表面に、鯨類付着性のフジツボ類とともにおびただしい数が棲息している。クジラジラミの仲間は、鯨類の体表面で一生を暮らし、鯨類の表皮などを食べている。余談だが、クジラ以外の海生哺乳類に寄生するクジラジラミの1種がいたが、絶滅してしまった。宿主はかつて乱獲によって絶滅したステラーカイギュウで、ジュゴンやマナティーなどが含まれる海牛類だ［1-9］。

ヨコエビ類は、深い水深や北（高緯度）へいくほど、体の大きな種類が見られるようになる。これは、小型甲殻類の多くに共通して見られる現象である。例えば、カイコウオオソコエビという、6千メートル以深の超深海で見つかるヨコエビは、成人の握りこぶしぐらいのサイズになる。ロシアにある古代湖のバイカル湖では、ヨコエビ類が独自の進化を遂げており、300種近くが知られるが、ほぼ全種が固有種、つまりこの湖にしか棲んでいない［1-24］。しかも、形態や体色が著しく多様化、一部の種が大型化している。中にはトゲが発達した種もいてかっこいい。バイカル湖はヨコエビの研究者にとって憧れの湖となっている。

5・3・1・3　オタマジャクシのような形　クーマ目（クマ目）［1-25］

海に棲息する、オタマジャクシのような甲殻類がいる。昼間は海底に潜んで懸濁物を食べているが、夜間に浮遊して泳ぐ。夜間プランクトンネットを曳くと得られることが多い。だいたい、

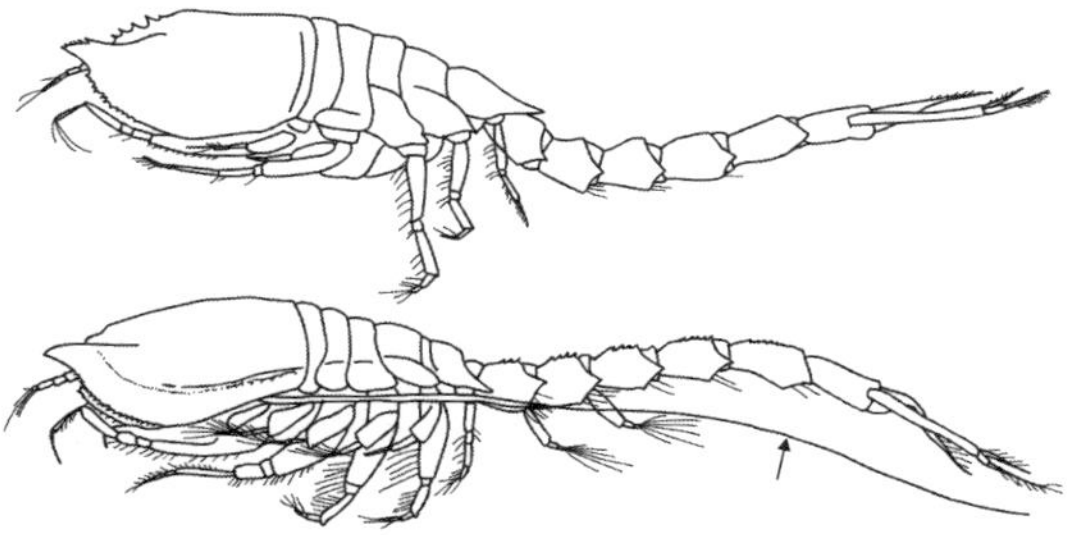

図1·21　クーマ類
多くの種が1cm以下で、昼間は砂の中に潜っている。夜になると泳ぎ出す。下の触角（矢印）が長いものがオス。石川（2008）を複写。

1センチ以下の種が多く、海底に潜んでいるため、人目につきにくい。人と直接的なかかわりもないが、他の小型甲殻類と比べて、比較的多くの記載分類がなされている。世界で約1700種が知られる。

甲の彫刻が美しく、種によって異なる。比較的深い水深帯には、1センチを超え、模様が鮮やかな種も見られる。このような種が採れると、うれしい。クーマという名前は奇抜な名前だが、これはギリシャ語で「波・胎児」を意味し、もともと他の甲殻類の幼生と思われていたからである（図1・21）。

5・3・1・4　性転換と大きなハサミ　タナイス目［1-21］

クーマと同様に耳慣れない和名だが、これはロシアのドン川の旧名に由来するらしい。タナイス類も、主に海底に棲み、だいたい1センチ以下の小型甲殻類だ。深海では10センチ以上にもなる大型種も知られる。約900種が知られている。

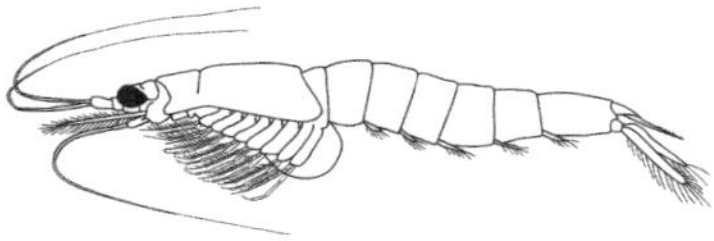

図1·23　アミ類
一見エビに似るが、育房が発達したれっきとしたフクロエビ類である。アミ類は基本的に浮遊生活を送り、常に泳いでいる。十脚類に近縁なオキアミとともに釣り餌として売られるが、アミ類のほうが小さく軟らかい。石川（2008）を複写。

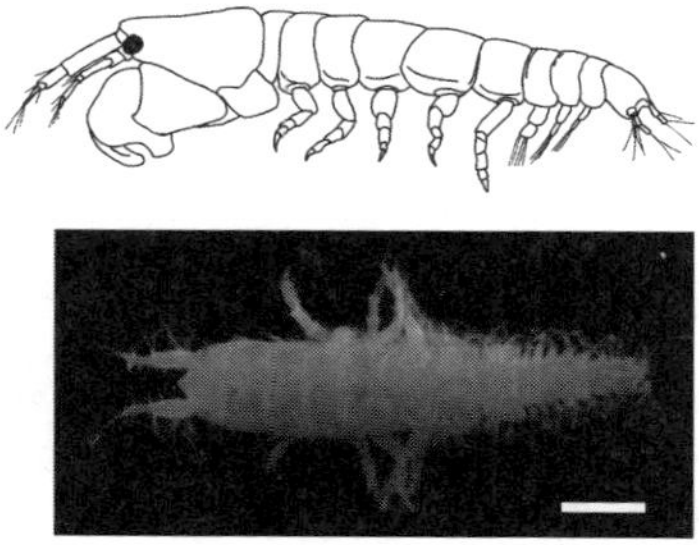

図1·22　タナイス類
多くの種が海産・底性で、オスは強大なハサミをもち、メスは小さい。下の写真はアプセウデスの仲間で、沖縄県小浜島の死サンゴから得られた。スケールは1 mm。

オスには巨大なハサミをもつものが多い。また、ヤドカリのように微小巻貝を利用する種も知られている。メスからオスへ性転換をすることが知られる（図1・22）。

5・3・1・5　撒き餌　アミ目

後述するオキアミと混同されるが、オキアミ類は鰓が外へ出ていることで、他の甲殻類と区別できる。両者とも天然の餌《えさ》飼料《しりょう》として重要で、主要な釣り餌の一つである。釣りをやっている人ならわかると思うが、オキアミと比べて、アミ類は全体的に小さく、1、2センチ程度である（図1・23）。

5・3・1・6　その他のフクロエビ類

その他にも、6目のフクロエビ類が知られる。深海や地下水に限って見つかる分類群が多く、日本で見つかっていないものも多い。しかし、これは単に調べる研究者が少ないだけである。この10年ほどで、2目が日本から初めて記録された。いずれも数ミリサイズで、これらを見分ける眼力のある研究者がいなければ見過ごされてしまう。

5・3・2　本エビ上目

一般に言うエビやカニが含まれ、最も人と関わりがある。また、プランクトンの餌生物として重要なオキアミも本エビ上目に含まれる。また、アンフィオニデス目という1種からなる深海性プランクトンが知られるが、きわめて特殊化したエビ目という見解もある。

5・3・2・1　親しみ深い　エビ目（十脚目《じっきゃくもく》）

エビ、カニやヤドカリ類が含まれ、いわゆる大型甲殻類として認識される。手に取って観察しやすく、親しみやすい。記載された十脚目の種数は約1万5千種にのぼる。しかし食用としない中・小型の十脚類は、日本近海でも未だに新種が数多く記載されている。

形態や色彩が美しいものが多く、他の動物と共生する種も多い。昆虫や貝ほどではないが、コレクターもいる。スキューバダイビングをする水深帯（潮下帯から水深30〜40メートルほど）は、十脚類相の調査が不十分で、研究者からは見過ごされた水深帯と言える。調査船で網を曳こう

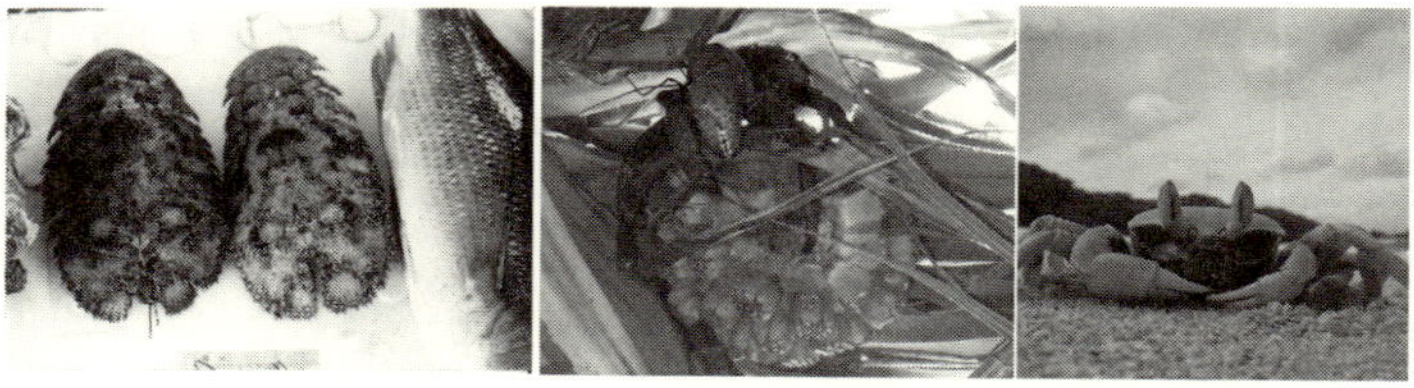

図1·24　十脚類。ゾウリエビ（左）、ヤシガニ（中）、ツノメガニ（右）
いわゆるエビやカニ、ヤドカリ。大型の種が多く、世界中で美味しく食されている。小型の種でも、形態や色彩が変化に富み、人の心を惹く甲殻類である。

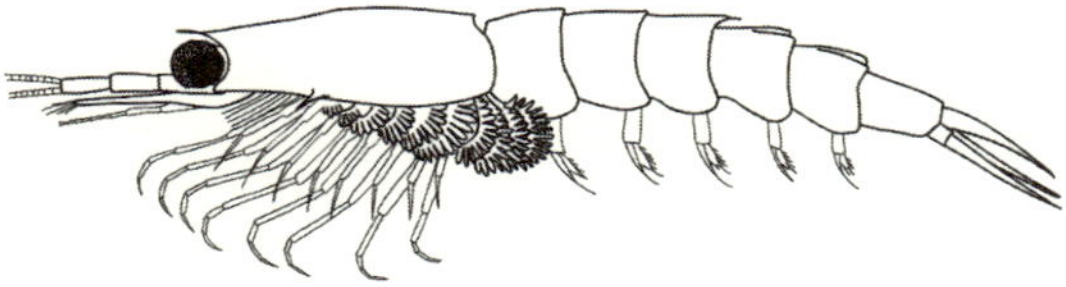

図1·25　オキアミ類
鰓が外に出ている点で、「アミ」と区別できる。石川(2008)を模写。

にも、岩礁帯は引っかかって調査ができないし、大抵の甲殻類はこうした所に潜んでいる。しかも、沿岸の浅い海は他の水深帯よりも多様な海洋生物が棲んでいる。ダイバーから提供された標本から、新種が記載されるケースも徐々に増えつつある（図1·24）。

5·3·2·2　大発生　オキアミ目

甲殻類の名前には紛らわしいものも多く、アミ、オキアミ、アキアミという名前の甲殻類がいる。アミは前述の通りフクロエビ上目に含まれ、アキアミは十脚目のサクラエビ科に含まれる。いずれも浮遊生活に特化した、小さなエビ状の生き物を指し、アミと呼ばれたのだろう。アミと比べて、オキアミ類は大型で、数センチほどになる（図1・25）。

コラム③　海の昆虫のような生態的地位

小型の甲殻類の多くは、人と直接関わりがないが、生態系の中で中核的な存在となることが多い。例えば、一次消費者として、陸水や海で大発生するプランクトンのミジンコ類、カイアシ類、オキアミ類が挙げられる。その一方で、水底に棲むベントス（底性動物）として、小型のエビ・カニ類、ヨコエビ類、クーマ類などが挙げられる。これら小型の甲殻類は、魚類やプランクトン食の動物の重要な餌として知られる。小型の甲殻類は、水域生態系のあらゆる場所に見られ、陸域での生態系ピラミッドの中における、昆虫のような位置づけだと考える研究者もいる[1-10][1-26]。

陸上や淡水域には驚くほどの種数の昆虫がひしめいているのにも関わらず、海洋環境に進出した昆虫はわずかだ。ウミアメンボやウミユスリカは、海に進出した昆虫の代表例だが、前者は完全に海に浸かった生活をしているわけではなく、一生水面で生活する。後者は幼虫期のみ浅い海中に棲み、成虫が磯でしばしば大発生する。

長い進化の過程で海中に昆虫が進出できていない理由について、科学的にははっきりとは説明できない。すでに小型の甲殻類が生態的地位を占め、昆虫が進出する余地がないのかもしれない。

2章　海のクワガタ採集記

はじめてのトンガリサカタザメを前に、にやける筆者
(井上朋子撮影)

1　ウミクワガタの素顔

1・1　ウミクワガタの奇妙な形態 [2-1]

前章では様々な甲殻類を紹介したが、甲殻類を見分けるには、節や脚の数などが重要な要素になってくる。

自由生活性のワラジムシ類は、7節の胸節に7対の歩脚を備えている。歩脚は同じような形をしているので、等脚類《とうきゃくるい》とも呼ばれる。ウミクワガタ類はこのワラジムシ類に含まれる。5節の腹節・腹肢と尾部は、エビの食べる部分に相当している。ワラジムシ類の場合、頭部はだいたい胸節にくびれなくつながっている。そのため、全体的に丸い。また、基本的な構造が横に扁平なのでワラジ形になりやすいのだ。

ヤドリムシ類など、寄生生活に特化すると、歩脚は小さくなったり、完全に消失する。各節も徐々に不明瞭となって、ついには完全になくなってしまう種もいる。寄生生活に特化すると、宿主に取り付くので、脚などは必要なくなるからである。

ウミクワガタ類の幼生は、蚊やブユのように、一時的に吸血し、一度に養分を得るように特化した。しかし、これでは、ほとんど自由生活に近い。それなのに、幼生は5対の脚しかないし、ワラジ形とはほど遠い形をしている。さらに、オス成体は他の甲殻類のようにハサミ脚を発達さ

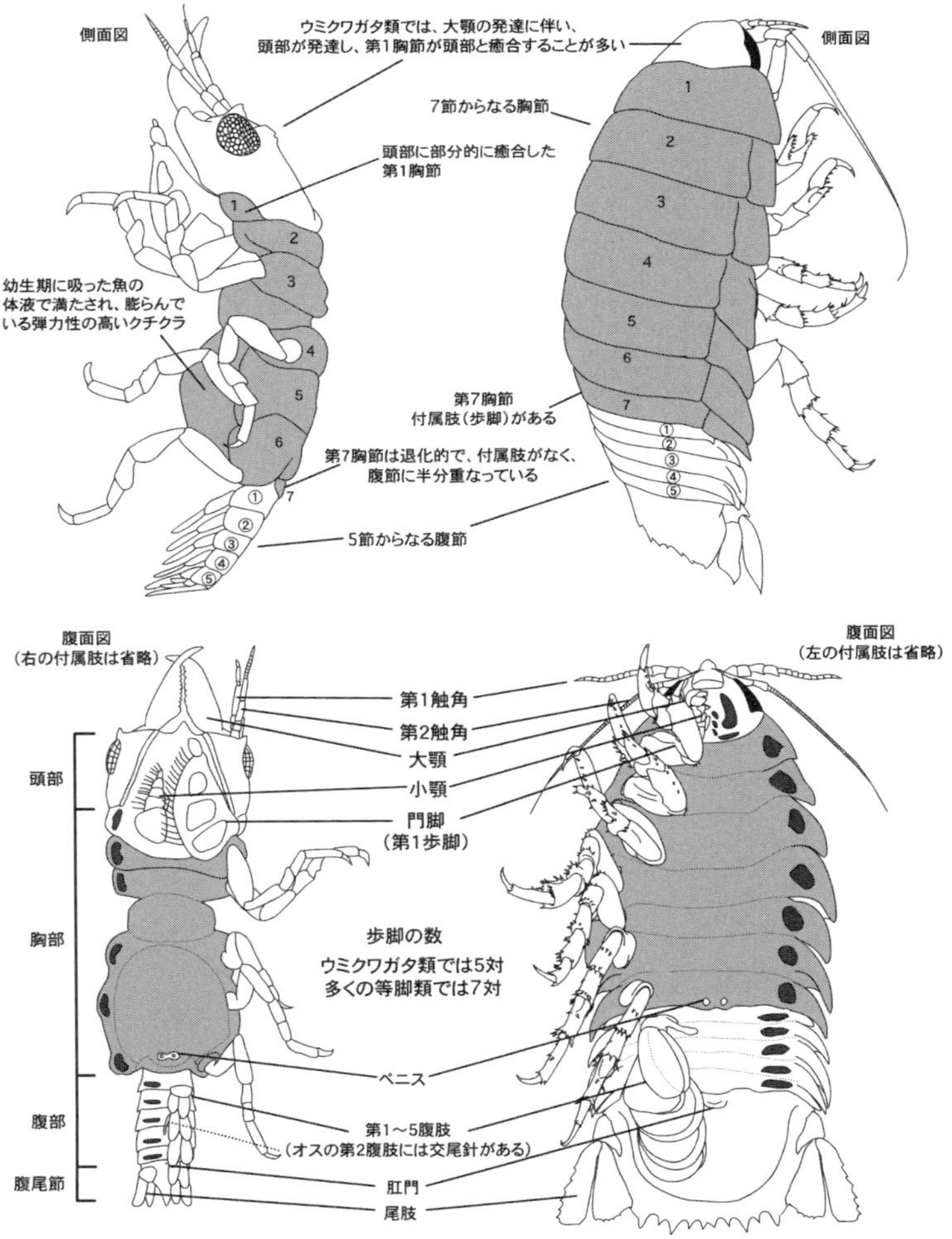

図 2·1　ウミクワガタ類（左）と、他の等脚類（右）のオス成体の外部形態
他の等脚類の図は、オオグソクムシ（スナホリムシ科）の形態を参考にしている。

せなかった。むしろクワガタムシなどの昆虫類のように、口を構成している一部のパーツが強大化し、たまたまクワガタムシに似たのだ（図2・1）。

形態を見ただけでは、にわかにはワラジムシ類と思われなかった。実際に、ワラジムシ類とは別の独立した分類群にされていた時代もあった。徐々に生活史が明らかになり、さらにDNAによる分子情報によって、ワラジムシ類の中に収まった。しかし、それでも、ワラジムシ類のどの系統に収まるのかは、未だにはっきりしていない。

1・2 一生に3度だけの食事 [2-2] [2-3] [2-4]

ウミクワガタ類は幼生と成体で、生態も形態もまったく異なっている。

幼生はすばやく泳ぎ回り、魚類の体表や鰓などに付くと、針状になった口を突き刺し、体液を吸う。徐々に体液で体が膨張してゆき、風船のように膨らむ。膨らんだ体は、魚の体液によって、黒、赤、黄などに見える。さらに、なぜか鮮やかな青や緑色に変わることもある。

体液を吸う前と後であまりにも形が変わるので、吸う前はズフェア幼生、吸った後はプラニザ幼生と名づけられていた。水生動物は変態するごとに、ゾエア幼生だとか、トロコフォア幼生だとか、カタカナで名づけられることが多い。幼生だけで種として名づけられた時代の名残で、今

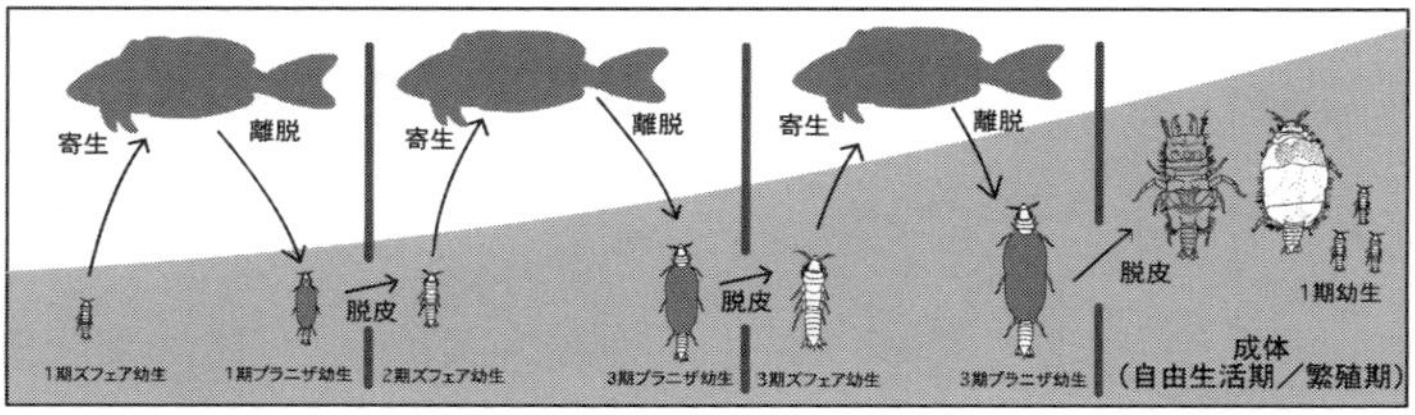

図2·2　ウミクワガタ類のライフサイクル
３度の寄生と脱皮を行い、成体となる。寄生している時間は数分から長くても数日までで、一生のうち、大半の時間を海底で過ごす。

では、生活史の段階として用いられている。

甲殻類は基本的に脱皮を経なければ、変態はしない。なので、幼生の名前も変化しないのが通例だ。ウミクワガタのズフェア幼生とプラニザ幼生は、食事の前後の違いに過ぎない。幼生の名前が食事の前後だけで変わるのは、むしろおかしなことだ。しかし、やはり、生活史を説明する時に便利な言葉なので、よく使われる。

十分に体液を吸ったプラニザ幼生は、一度魚から離れて、海底の岩のすき間などに身を潜める。そして、しばらくすると脱皮して、ひと回り大きなズフェア幼生になる。そしてまた、魚の血を求めて、泳ぎ回るのだ。

幼生はふつうは３期まであり、３回目の脱皮で成体へ変態する。成体へ変態すると、いっさい餌を摂らなくなる。ウミクワガタ類は生涯に３度しか食事を摂らないのだ（図２・２）。

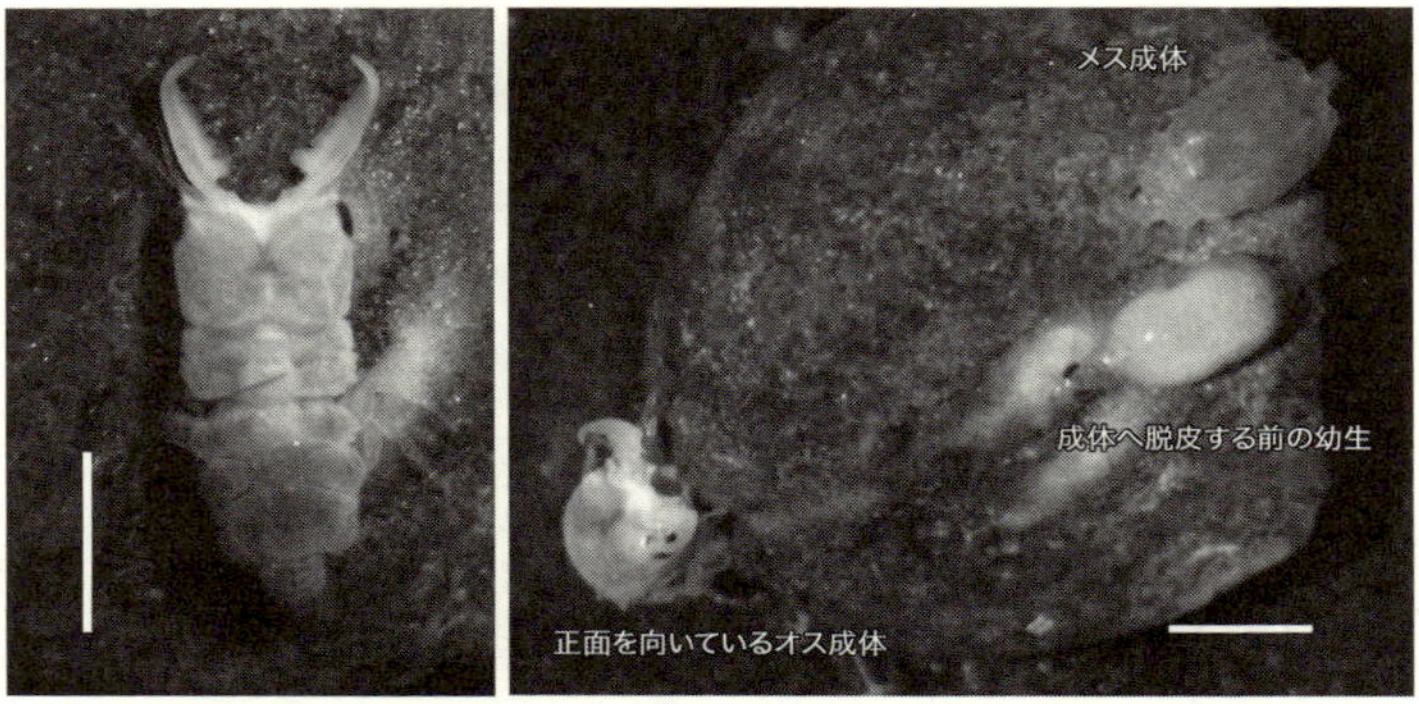

図2·3　沖縄のサンゴ礁に棲むカレサンゴウミクワガタ *Gnathia camuripenis*
写真は、岩や死んだサンゴから取り出して撮影したもの。スケールは1 mm。潜って水中で観察されることは稀で、普段は岩などの割れ目に隠れ棲む。

1•3　繁殖に専念 [2-2] [2-3] [2-4]

3度目の吸血を終えた3期目のプラニザ幼生のオスは、海底のどこか決まった場所に身を潜めて変態の時を待つ。そして、クワガタムシのような大アゴをもったオス成体へ変態する。他のワラジムシ類と同様に、体の後ろ半分から脱皮し、次に前半分が脱皮する。

ウミクワガタの成体は、魚に吸血することはない。海底のどこかに身を潜めて繁殖だけに専念する。クワガタムシのような大アゴは餌を摂るためではなく、繁殖場所やメスを守るものとして機能している。

オス成体は、フェロモン物質を、うちわ状の口器で扇《あお》いで海水中にまいているようだ。こうして広大な海底から、メス成体になる前のプラニザ幼生をおびき寄せ、大アゴを使って巣に引き込むようである。

基本的に、甲殻類の交尾は、メスの脱皮直後の体が軟らかいタイミングで行われる。そのため、脱皮前のメスをオスが守るような行動が発達・進化しやすい。ウミクワガタ類も、巣内でメスになる前の3期プラニザ幼生を守り、脱皮とともに交尾が行われる。

メスの場合、すでに3期プラニザ幼生の頃から体内で卵ができはじめており、成体に変態すると、育房と呼ばれる袋の中に卵を抱える。

メス成体は幼生がふ化するまで卵を抱き続け、ふ化した後は、ほとんど養分を使い果たし死んでしまう。ウミクワガタ類以外のフクロエビ類も、メスは基本的に幼生がふ化するまで卵を抱き続けるが、何度も脱皮して産卵する種も多い。しかし、ウミクワガタ類では一度きりの産卵で生涯を終える（図2・3）。

1・4　ウミクワガタ類と、その仲間たち

1章で紹介した通り、甲殻類はエビやカニのような形のもの以外に、寄生生活に特化した分類群が多い。その姿は、もはや甲殻類と認識できないものすらいる。

水生のワラジムシ類にも、寄生性の種は多く、世界で約1500種が知られている[2-5]。ウミクワガタ類も寄生性ワラジムシ類であるが、寄生性ワラジムシ類にも色々いて、寄生生活への適応の度合いも様々だ。ウミクワガタ科もその中に含まれる。では、ウミクワガタ科の他に、寄生

性ワラジムシ類には、どのようなものがいるのだろうか。
約１５００種ある寄生性ワラジムシ類は、主に、ウミクワガタ科、ウオノエ科、グソクムシ科、ニセウオノエ科、ヤドリムシ科で構成される。

ウオノエ科は、魚類の寄生に特化した水生ワラジムシ類だ。ウオノエ類は、釣りをする人ならお目にかかることも多い。魚の口や鰓、体表に付いている大きなダンゴムシのような動物である。その存在は知られているが、研究者の数が少なく、生態についての研究は断片的なものばかりである。他の寄生性ワラジムシ類もそうだが、先に宿主に寄生した個体がメスになり、後から宿主に入ってきた個体がオスになることが知られている。しかし、寄生性ワラジムシ内でも、宿主依存度が異なり、寄生部位も様々なので、すべての寄生性ワラジムシ類がそうとは考えにくい。

図2·4　ウオノエの一種。フグノエ *Cymothoa pulchra*
本種はハリセンボンなどのフグ類の口に寄生する。この標本は高知県から得られた。左がメスで、右がオス。口や鰓に寄生する種では、寄生生活に移ると触角や複眼が退化する。体表に寄生するウオノエの仲間では、複眼や触角は退化しない。スケールは 1 cm。太田（2013）より転載。[2-5]

ウオノエ類のメスは、できるだけ多くの卵を生産できるようになっており、自由生活性ワラジムシ類と比べると、不自然なぐらい肥大化している。魚の口腔内壁に寄生する種では、口蓋の一部か舌の部分が丸々ウオノエのメスに置き換わっている。複眼と触角も成長するに従い退化する。オスは、メスと寄り添うように口腔内に寄生している種もいれば、1対の鰓にそれぞれ1個体ずつペアで寄生している種もいる（図2・4）[2-6]。

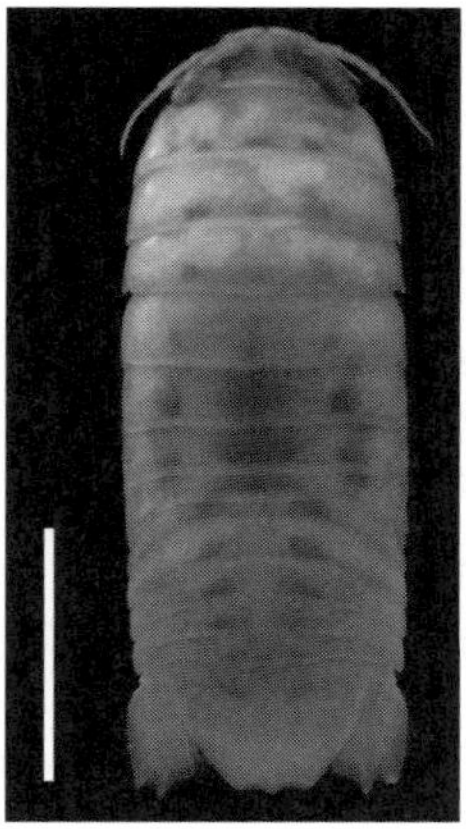

図2·5　グソクムシの一種 *Aega* sp.
少なくとも日本では深海魚に付いていることが多い。海底で自由生活をしている個体も見つかるため、一時寄生性のワラジムシ類と考えられている。スケールは1 cm。

グソクムシ科は、ウオノエ類によく似た魚類寄生性のワラジムシ類である。ウオノエ類は7対すべての脚の先端がフック状になってしがみつける形になっているのに対し、グソクムシ類は後ろ4対の脚の先端がフック状にならず、歩くための脚として機能している点で区別がつく。また、複眼が著しく発達し、サングラスのように横に伸びている種が多い。魚類にしがみついているところを見かけることが多いものの、海底からも見つかるため、一時寄生者と考えられている（図2・5）[2-7]。

図2·6　スナホリムシ科の一種。ヒメスナホリムシ *Excirolana chiltoni*
全長は1 cmほど。砂浜に多く、夜に活発に活動するようだ。昼間は砂の中に隠れており、見つけても、すばやく潜って逃げる。写真の標本は瀬戸内海で得られたもの。

余談だが、グソクムシというと、オオグソクムシやダイオウグソクムシといった深海性の大型種を思い浮かべるだろうが、この2種はグソクムシ科とは異なるスナホリムシ科 Cirolanidae に属する。スナホリムシの仲間は、肉食性の種が多く含まれ、腐肉を食べる「海の掃除屋」の役割を担っている。中には肉食性が強すぎて、生きた魚に齧りつく種や、サメの心臓に食い込む種まで知られている[2-8]。私自身も、夜間に砂浜で半分足を海水中に入れて魚を採っていたら、多数のヒメスナホリムシ（図2・6）に足を齧られたことがある。チクチクとしただけだが、小魚にとってみれば、多数のヒメスナホリムシに襲われたらひとたまりもないだろう。スナホリムシ類から派生して寄生性のワラジムシ類が進化したという説があるが[2-9]、グソクムシ科や後述するニセウオノエ科のワラジムシ類とよく似ており、強い肉食性から寄生性へ進化したと考えても、十分に納得できる。

ニセウオノエ科は、熱帯域の海から記録されることが多いため、サンゴ（Coral）に因んで、

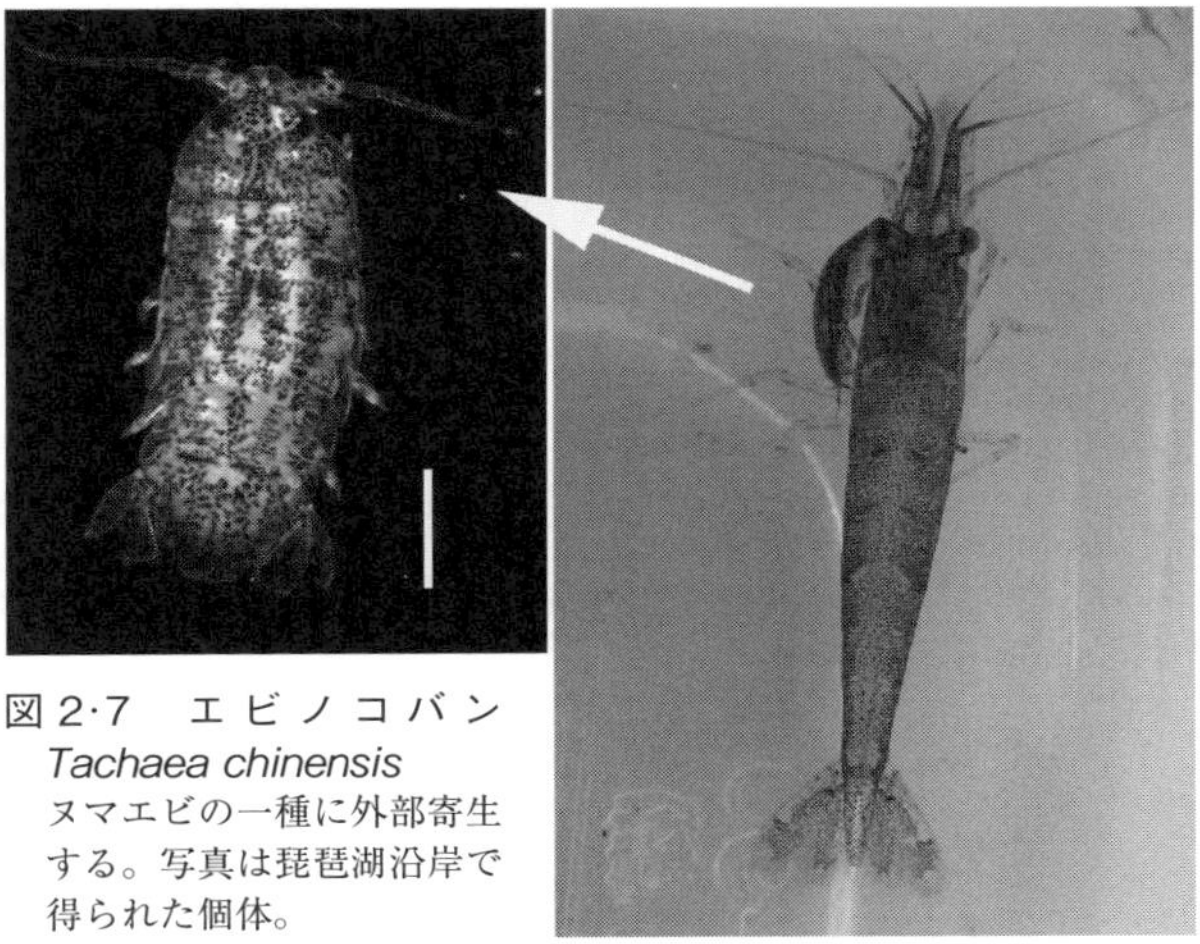

図2·7　エビノコバン
Tachaea chinensis
ヌマエビの一種に外部寄生する。写真は琵琶湖沿岸で得られた個体。

Corallanidaeと呼ばれている。このグループも断片的な記録しかなく、前述のグソクムシ科と同様に、魚類やその他の無脊椎動物上から見つかることもあれば、海底からも見つかるので、一時寄生者と考えられている。日本では、淡水エビ類の胸部に外部寄生するエビノコバン（図2・7）が代表的と言えるかもしれない。

ヤドリムシ科は、ワラジムシ目の中で最も寄生生活に特化している分類群だ。同じワラジムシ類を含む、甲殻類に寄生する。寄生性ワラジムシ類の中でも種数が多い。寄生に特化すると、宿主に依存しやすく、宿主の生活史に同調するように進化する。一種の共進化で、宿主の種分化とともに、ヤドリムシ類も種分化を起こす。その結果、形態が多様化し、種の多様性が高く

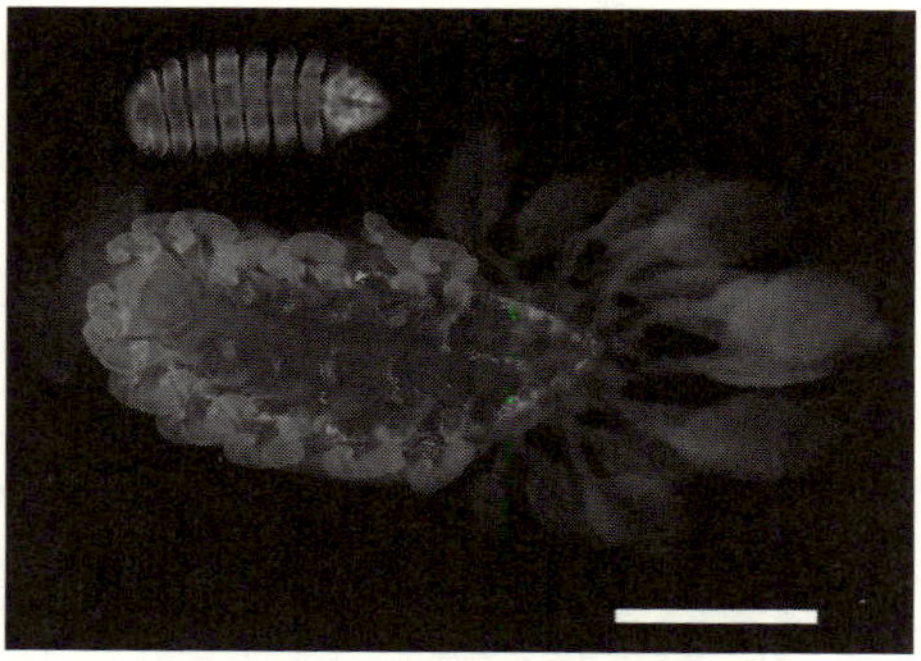

図2·8　ヤドリムシの一種 *Parathelges* sp.
コモンヤドカリ *Dardanus megistos* の腹部に外部寄生する。上の小さな個体はオス（背面）。下がメス（腹面）。ヤドリムシ類は最も寄生生活に特化した等脚類で、特に、他の甲殻類の体内に寄生する種はワラジムシ状の形態をとどめていない。吉田隆太撮影。

なったものと考えられる。

特にエビやカニ類の頭胸部の内部に寄生する種は、著しく体が変形している。歩脚を失って、卵の袋だけのようになった種もいる。オスは矮雄化し、メスの体にしがみついており、辛うじてワラジムシの形をしている（図2・8）。

このように、寄生生活に強く依存したヤドリムシ類を除き、寄生性ワラジムシ類は、おおむねワラジムシ状の外見をしている。しかし、ウミクワガタ類だけは、成体になってから宿主を離れるという生活を送るので、半分は自由生活と言っても良い。それにしても、寄生に特化したとは言えないにもかかわらず、歩脚の数が5対しかなく、幼生期は伸縮可能な体となっている。ただでさえ謎の多い寄生性ワラジムシ類の中でも、特に謎めいた存在だ。

コラム④　超寄生 [2-10]

生物学的に寄生とは、他種から利益を奪う関係をいう。寄生の関係は海陸問わず広く知られている現象だが、寄生者にさらに寄生する者も存在する。これを超寄生または重複寄生という。
ワラジムシ類の中には凄まじい寄生者がいて、甲殻類の中に寄生するヤドリムシの、さらにその卵を盗み食う、ヤドリムシが存在する。

2　ウミクワガタとの出会い

2・1　虫採るために沖縄へ

そんな奇妙な甲殻類を私に紹介したのが、琉球大学の理学部で教鞭をとっていた広瀬《ひろせ》裕一《ゆういち》先生である。私が学部3年の頃に受けた無脊椎動物の実習の時だった。広瀬先生はホヤの機能形態学が専門だった。

そもそも、なぜこのような生き物を研究対象に私は選んだのか、私の個人的なバックグラウンドにも関係している。若干、自叙伝のような文体になってしまうが、研究者側の様々な背景によって、研究が成り立っているということを笑覧して頂けたら幸いである。

私は、学部3年の頃に、研究室と研究内容を決めかねていた。もともとは昆虫が好きで、昆虫の研究室に入ろうと考えていた。高校まで私は、東京の都会で住んでいたが、幼少の頃からいわゆる虫博士のような子供だった。3歳ぐらいか、保育園の頃の記録を見てみると、すでにそのようなことが書いてあった。

小学校では、クラスに1人は虫博士のような存在の子供がいる。その例にもれず、私は周囲の友達から「虫・四天王」の1人として数えられていた。虫・四天王の中でも最強と言われていた友人の紹介で、他の四天王2人と父親を巻き込んで、当時ブームだったオオクワガタを山梨県へ採りに行ったりもした（図2・9）。

両親は色々な所へ兄弟と共に私を連れて行ってくれた。夏のキャンプではもちろん昆虫採集。海に行っても夜には近くの明かりを見回って昆虫採集。冬にスキーへ行っても、冬眠している虫を探し出す始末である。

兄が2人、妹が1人いるが、私だけ虫に熱中していた。夏になると決まって、マメ科植物の街路樹のエンジュに集まる、コガネムシの仲間シロテンハナムグリを大量に採って、家で飛ばして遊んでいた。飛んだハナムグリが、家族みんなが食べているバーベキューコンロに落下し、その熱さでもがき、家族が大混乱になったこともあった。そんな家庭内昆虫騒動は日常茶飯事で、兄弟も、虫は人並み以上に平気になっている気がする。

図2·9　昆虫少年の筆者

A：３歳の頃。東京都板橋区の家の近くで昆虫採集。B：11歳の頃（小学４年生）、茨城県のキャンプ場でナナフシを観察。C：12歳（小学５年生）、山梨県日野春市の駅の明かりに集まる昆虫を採集。D：18歳（大学１年次）、西表島でキャンプをしながら昆虫採集。E：31歳（社会人）、ボルネオ島の標高約2000メートルで昆虫採集。

中学生になって、周囲と合わせなくてはならない空気になり、昆虫から少し離れた。けれども、漠然と大学で昆虫に関することを学びたいと考えていた。

高校1年の年末。進路を考える機会があった。大学の一覧を見ていると、「琉球大学」の文字……。琉球と言えば、昆虫図鑑で珍しい昆虫がたくさん載っている地域だ。特に愛用していたカラーハンドブックの『甲虫』（岡島秀治 監修）[2-11] には、クワガタ、コガネ、カミキリムシが1種1種詳しく解説されていた。珍しさが5段階の★で示してあって採集意欲をかき立てる。琉球には巨大なクワガタムシの数々、日本最大の甲虫ヤンバルテナガコガネ、きらびやかなハナムグリ類、深紅のベニボシカミキリ……。

どうせ昆虫を学ぶなら、珍しい昆虫がたくさんいる琉球大学に行こう！

そうと決まったのは良いが、中学生の頃はろくに勉強もせず、私の通う高校は、当時、国立大学に進学する生徒が年に1名いるかいないかという状況だった。しかし、大学を沖縄にするのはとにかく面白そうだ。ということで、進学のために、高校時代は勉強に励むことになった。期末テストの2週間前から勉強を始め、進学塾にも通い始めた。すると、あっという間に学年で一番の成績になって、それが大学入試まで続いた。いざ、大学入試！……と意気込んでいたが、2001年9月の同時多発テロの影響か、米軍の基地が近くにある琉球大学の推薦入試は定員割れで、拍子抜けするぐらい、すんなりと合格してしまった。

ともあれ、これは人生で初めての成功体験だった。強い目的意識があると、人はここまでがんばれるし、変われるということを、身をもって知った。中学生の頃まで、虫が好きなこと以外、特段何かに秀でていたという実感がなかったし、勉強も平均以下だった。虫・四天王の中でも最弱と呼ばれていた。この選択がなければ、不本意な人生で終わっていたかもしれない。

2・2　ハイビスカスの入学式

琉球大学へ通っている夢は、高校時代に100回以上は見たと思う。それくらいの期待を胸に、沖縄での大学生生活が始まった。

2年以上待ち望んでいた、沖縄での暮らし。居ても立ってもいられず、入学式が始まる前から、研究室を回ったり、大学博物館の風樹館を見に行ったり、買ったばかりの原動機付き自転車で近くの林などを回って虫を採ったりしていた。

高校や進学塾では、周囲の先生から、沖縄の大学へ行くことに反対の声もあった。内申点が高ければ、もっと就職に有利な大学へ行けるという。そのような中、進学塾の国語の先生だけはとても理解があった。琉球大学に入学が決まった際、まず大学でどうすればよいか、その先生に相談した。大学へ行くからには、研究室でどのような研究をするのか、決めなくてはならない。また、琉球大学構内にある博物館の風樹館の先生からも、早いうちから研究室を回ってみると良いと勧められていた。
昆虫学研究室はもちろん、多くの研究室を回った。そのような中で、たまたま理学部の事務の前で、両生・爬虫類が専門の太田英利《おおたひでとし》先生（現・兵庫県立 人と自然の博物館 教授）にお会いした。私は早速、研究室を回って研究の手伝いをしたいというようなことを話した。すると、

「君はまだ1年生か。沖縄に来て間もない。研究室に籠るよりも、色々な島を回ったり、自然を見てきなさい。もっと面白い発見があるかもしれない。研究室選びはその後でいい」

当時、私が入学したのは、昆虫学研究室のある農学部ではなかった。理学部の海洋自然科学科という珍しい名前の学科だった。実際は、生物学・化学を学ぶ学科である。なぜそちらを選んだかというと、太田先生のおっしゃる通りで、昆虫だけでなく、沖縄の様々な生物を学べる理学部に志望を変更したのだった。ただ、当時の海洋自然科学科では、2年次から生物学専攻と化学専攻に分けられた。生物学は人気があり、1年次の成績が悪いと、生物学を希望しても化学専攻になってしまう可能性があった。

生物学のコースに入るために成績を落とさず、同時に思いっきり沖縄の自然を楽しもう！

図2·10　琉球大学理学部
かつては那覇市首里にあったが、現在は、より北に位置する西原町に広大なキャンパスを構える。緑ゆたかで、沖縄島中南部の植生がよく残されている。

サクラではなく、ハイビスカスの咲いたキャンパスで入学式を迎えることになった。日差しが眩しい南国情緒あふれる入学式だった。

2・3　琉大生物クラブ

私は琉球大学へ入学した際に、やりたいことを心の中でリストアップしていた。せっかくの美しい海。一つはスキューバダイビングができるようになることだった。琉大には二つのダイビングサークルがあって、ルールがやや厳しめの琉大ダイビングクラブに入った。当時の部員は80名を超えていたと思う。とにかく賑やかなサークルだった。しかし、結果的に1年を経ずに辞めてしまった。部員の多くがダイビングすることそのものが目的で、ダイビングスキルを磨くことに重きを置いていたのである。私にとってダイビングは海の生物を見る手段の一つでしかなかった。まったくソリが合わなかった。

タンクを背負って潜るスキューバダイビングができるようになった頃に、すっぱりと辞めた。もちろん、私と同じ気持ちでダイビングをする先輩もわずかにいて、今でも縁のある人もいる。

一方で、ダイビングクラブと同時に入ったのが、琉大生物クラブだった。こちらは、とにかく自由なサークルで、興味のある生物がいれば、同じ目標をもった先輩と野外へ行ったり、調べた生物を部会で発表するものだった。ダイビングクラブとは対照的で、部員が10名前後と少なく、アットホームな雰囲気だった。人のことは言えないが、変わった人間ばかりが集まるサークルだった。しかし、実は50年以上の歴史を持ち、これまで何名もの学芸員を輩出するようなサークルだったことを、後になって知ることになる。

大学生活は、徐々に琉大生物クラブが軸となっていった。先輩に連れられ、原動機付き自転車にキャンプ道具を満載して、あちこちの島でテント生活をしながら昆虫採集に明け暮れた。夜な夜な海へ潜って、魚を突いたりして、翌日部員を集めて魚料理をして団らんをすることが日常的だった。特に同期の部員とは、久米島の合宿、西表島《いりおもてじま》を徒歩で縦断するなど、多くの苦楽を共にした。今では、皆、日本中ばらばらに散って、それぞれの人生を歩んでいる。社会人となった今では、もう2度と得ることができない親密な友人たちだった。

琉大生物クラブを通じて、当初の目的だった、「沖縄の自然を楽しむ」ことは存分にできた（図2・11）。

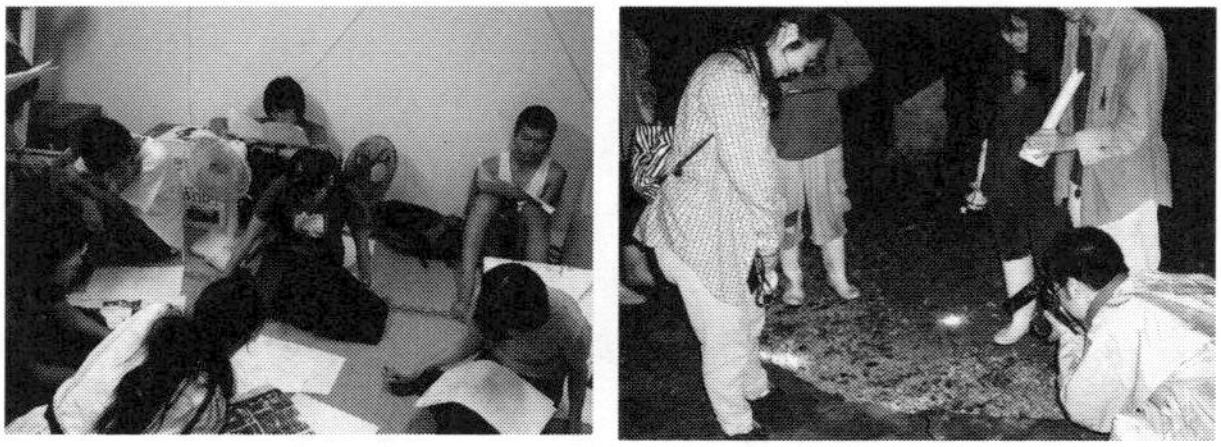

図2·11　琉球大学生物クラブの活動風景
古いプレハブで、それぞれ得意とする生物や野外活動を紹介する「勉強会」（左）。夜間にカエルやヘビなどを観察する（右）。佐脇広平撮影。

2・4　昆虫少年が海へ

そうした経緯があって、昆虫はもちろん、海の生物にも興味が広がり、学部3年になったときには研究室を決めかねていた。昆虫にするか、海洋生物にするのか。広瀬先生に紹介されたウミクワガタは、私にとってきわめて魅力的な研究対象だった。昆虫と海洋生物を両方できる感じだからと……。

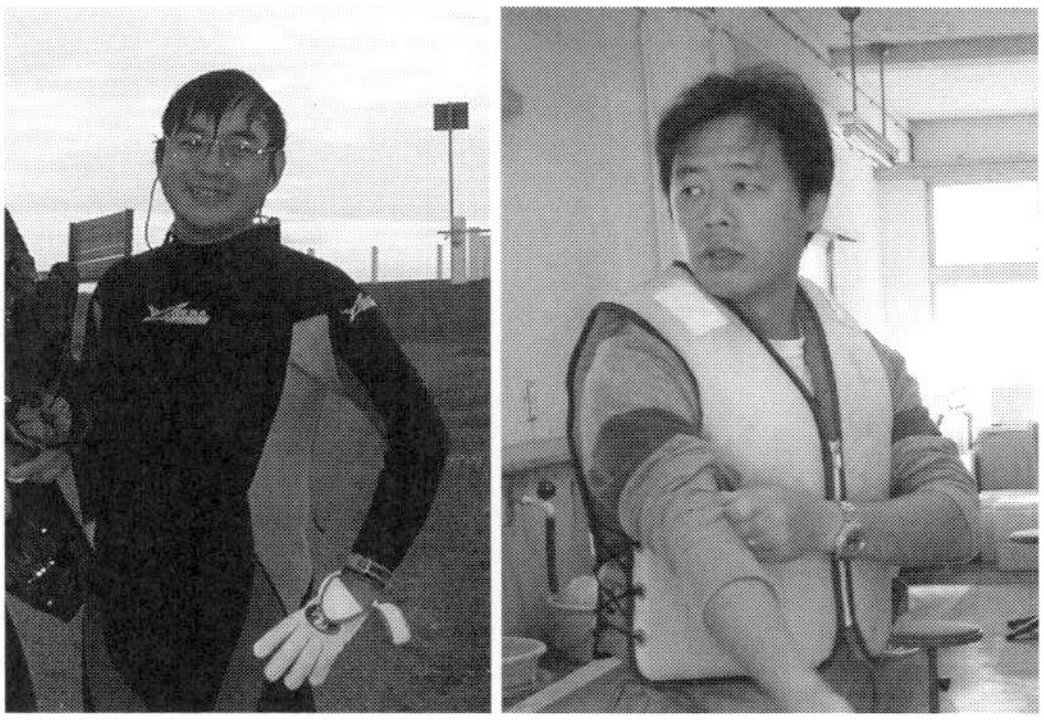

図2·12　広瀬裕一先生（左）と田中克彦さん（右）

広瀬先生は甲殻類ではなく、ホヤ類（尾《び》索《さく》動物亜門）の「かたち」を主に研究されている。先生は、琉球大に赴任する前は、筑波大学下田臨海実験センターを拠点に研究活動をされていた。そこでは田中克彦《たなかかつひこ》さん（現・東海大学海洋学部 講師）がウミクワガタ類の研究をされており、親交があったのだ。そこで私は広瀬先生の研究室でウミクワガタ類の研究ができないか打診した（図2・12）。

当時、沖縄を含む琉球列島周辺では、ウミクワガタ類、というより小型甲殻類の専門家が不在で、こと沿岸域ではほぼ未調査状態だった。特にウミクワガタ類では、オス成体が見つかるのは非常に稀であった。そもそもウミクワガタ類が採れなければ研究にすらならない。広瀬先生に研究の打診をしたのが5月頃で、研究室配属が決まる10月までに、しっかりウミクワガタ類を採れるということが、ウミクワガタ類を研究できる条件だった。

要するにこれは、珍しい昆虫を採集することと同じだ。フィールドが単に陸から海になっただけの話だ。昆虫採集と同じで、よく生態を理解すれば必ず採れる。そう信じて、ウミクワガタ類の生態に関する文献を広瀬先生から少し頂くことになった。田中さんも当時は、南三陸の志津川《しづがわ》町自然環境活用センターに勤めており、東北に住んでいた。そのため、田中さんから直接ご指導いただけるわけではなかった。私は、わずかな文献の情報から、広大な海から数ミリ程度のウミクワガタを採集することになった。

不安よりも、沖縄でどのようなウミクワガタ類が採れるのか、私はとてもワクワクしていた。

3 サンゴ礁のウミクワガタ採集

ウミクワガタ類は、幼生期は魚類に寄生する。成体は海底のカイメンや岩のすき間に棲息する。幼生を採集しても、どれも同じような形態をしており、成体が得られなければ種の判別ができない。そこで、海底から直接ウミクワガタ類を採集することにした。

琉大生物クラブで、沖縄本島やその周辺の海について、ある程度の土地勘を養っていた。沖縄本島には、サンゴ礁域はもちろん、砂地や干潟など、様々な海の環境がある。まずは、琉球列島で主要な環境であるサンゴ礁域から攻めることにした。ちょうどその頃、私はスキューバダイビングのライセンスを取得していたので、スキューバダイビングによる採集もしてみたかった。

沖縄本島では、５００円でタンクを借りるだけで、ほとんどどこでも潜り放題であった。本島以外の地域では、こんなことはほぼ有り得ない。無許可で潜れば、まず地元の漁師や海上警察が来る。お金になる魚介類が採り放題だからだ。許可を取るのも一苦労だ。

沖縄本島では、冬になると夜に潮が引き、誰でも関係なく、魚を採りに行く。もちろん、スキューバダイビングをして魚介類を採るのは違法だが、ファンダイビングで潜ったり、磯やシュノーケルで魚介類を採集することは、島内のどこでもされていた。また、日本本土と比べて、時間感覚や仕事面に対して、良く言えばおおらか、悪く言えばいい加減だった。そういう条件が重なって、海へ行って生き物を採ることに寛容な土地柄だった。

大学の講義が早めに終わる日や、休みの日は、生物クラブのメンバーと、シュノーケリングやスキューバダイビングをしに海に出かけることが日常的だった。その際、カイメンをちぎってみたり、ウミクワガタ類の入っていそうな岩をバケツに放り込んでいった。

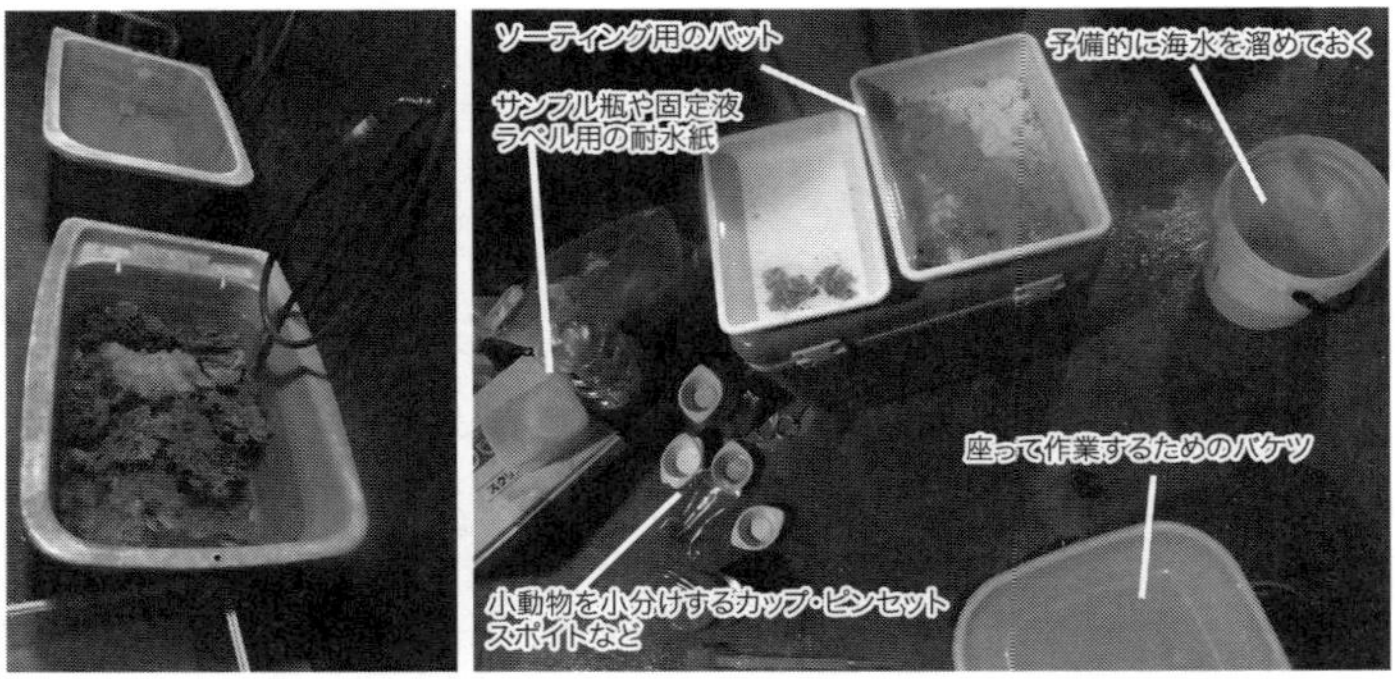

図2·13　海底の死サンゴに潜む小動物を水道水であぶり出す
写真は、離島調査でのソーティング風景。死サンゴから出てきた小動物を目の細かい網でろ過し、バットでソーティングを行う。

20リットルのバケツにたくさんの岩を入れて、水道水をそそぐ。すると、岩のすき間から小動物が出てくる。これらを目の細かい網でろ過して、白いバットに移す。そして小動物を顕微鏡で観察して、目的のウミクワガタを探し出す（図2・13）。

まず驚愕したのは、多様で膨大な数の小動物が、小さな岩に入っていることだった。同じワラジムシ目に含まれるコツブムシ類やウミミズムシ類、フクロエビ上目に含まれるヨコエビ類やタナイス類、クーマ類、その他にもカイムシ類、十脚目のコシオリエビ類、小型のカニ類、テッポウエビ類。甲殻類以外でも、ゴカイ類、微小なクモヒトデ類、微小貝、小さなハゼ類……。採る度にその顔ぶれも異なり、サンゴ礁域の隠れた多様性が垣間見られた。こうした小動物たちに紛れて、ウミクワガタ類の幼生は頻繁に見つかった。

とにかくオス成体が見てみたい。その思いで、何度も岩やカイメンを海から拾ってくる作業をしていた。しかし、3か月ぐらい採集を続けてもウミクワガタのオス成体を見つけることはできなかった。

夏休み。生物クラブの夏合宿で、慶良間《けらま》諸島の阿嘉《あか》島に行くことにした。慶良間諸島は、世界有数のサンゴ礁域で、沖縄本島の那覇市から約40キロメートル西にあるが、沖縄本島では見られないほど発達したサンゴ礁が広がる海の楽園だ。私は学部1年の頃から、友人らと夏にキャンプに行って以来、あまりの海の美しさに魅入られてしまった。それ以降、毎年慶良間諸島へ行っていた。サンゴももちろんだが、魚の種類や数も沖縄本島の比ではなかった。ウミクワガタ類も多いに違いないと感じていた。

早速、いつもの採集をする。しかし、テントで合宿をしていたので、顕微鏡は持っておらず、ろ過採集した小動物をせっせとホルマリン固定液の入ったサンプル瓶に入れていくだけの作業だ。合宿も楽しく終わり、多くの魚やサンゴ礁も堪能した。研究室に戻って、顕微鏡で探してみる。やはり、沖縄本島とは比べ物にならないほど多くの小動物が入っていた。膨大な数の小動物の中から、小さな大アゴを持った甲殻類が……！！

「い、い、いた……。と、と、採れてる！」

ピンセットを持つ手が震え、血湧き肉踊る興奮の頂点に達した。急いで広瀬先生に報告をした。

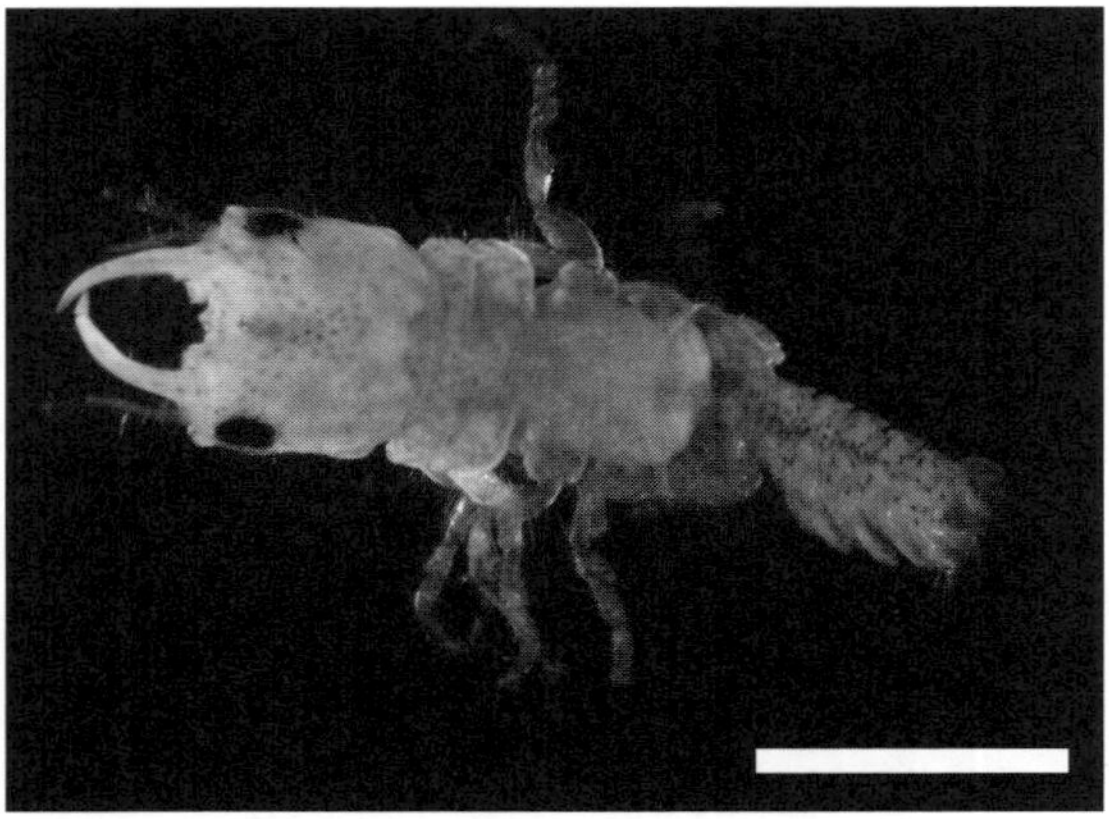

図2·14　私が生まれて初めて採集したウミクワガタのオス成体
標本はこの1個体きりで、まだ名前が付けられていない。スケールは1 mm。

早速写真を撮って、田中さんにメールをした。その結果、どの文献にも載っていない、紛れもない新種であることがわかった。

「新種採った！　新種を採った！　新種のウミクワガタを俺が採った！」（図2・14）

あまりにもうれしい。

その気持ちは、図鑑でしか見たことのない珍しい昆虫を森で採集するものとは、また別の感覚だった。新種が見つかること自体は珍しいことではない。しかし、何か月も探し求め、明らかな新種を自分の手で採集した。新しい発見に生涯で初めて触れた瞬間だった。

昆虫採集でもよくあることだが、狙った昆虫を1個体見つけられると、だいたい幾つも狙って採れるようになる。それぞれの昆虫を採るための「目利き」があるのだ。

サンゴ礁のウミクワガタ類もそうだった。沖縄のサンゴ礁は、ラグーンと呼ばれる浅い内海と外海がリーフエッジによって仕切られた環境となっていることが多い（図2・15）。外海には、魚影の濃い、離れ根が点在する。サンゴ礁に棲むウミクワガタ類は、こうした離れ根付近の岩の中に潜んでいることが多かった。

もちろん、ラグーンの環境や、死んだサンゴが岩となって積み重なったガレ場環境でも見つかる。しかし、こうした環境は無数に岩や死サンゴが落ちており、宿主となる魚の密度も低いことが多い。そのためか、こうした岩や死サンゴからは、ウミクワガタ類が見つからないことがよくあった。むしろ、魚影の濃い離れ根付近は落ちている岩や死サンゴが少なく、こうした岩や死サンゴに、ウミクワガタ類が集中して入りやすいように感じた。

こうした試行錯誤を繰り返して、サンゴ礁域のウミクワガタ相が徐々に明らかになっていった。特に沖縄諸島のサンゴ礁域では、岩のすき間には、カレサンゴウミク

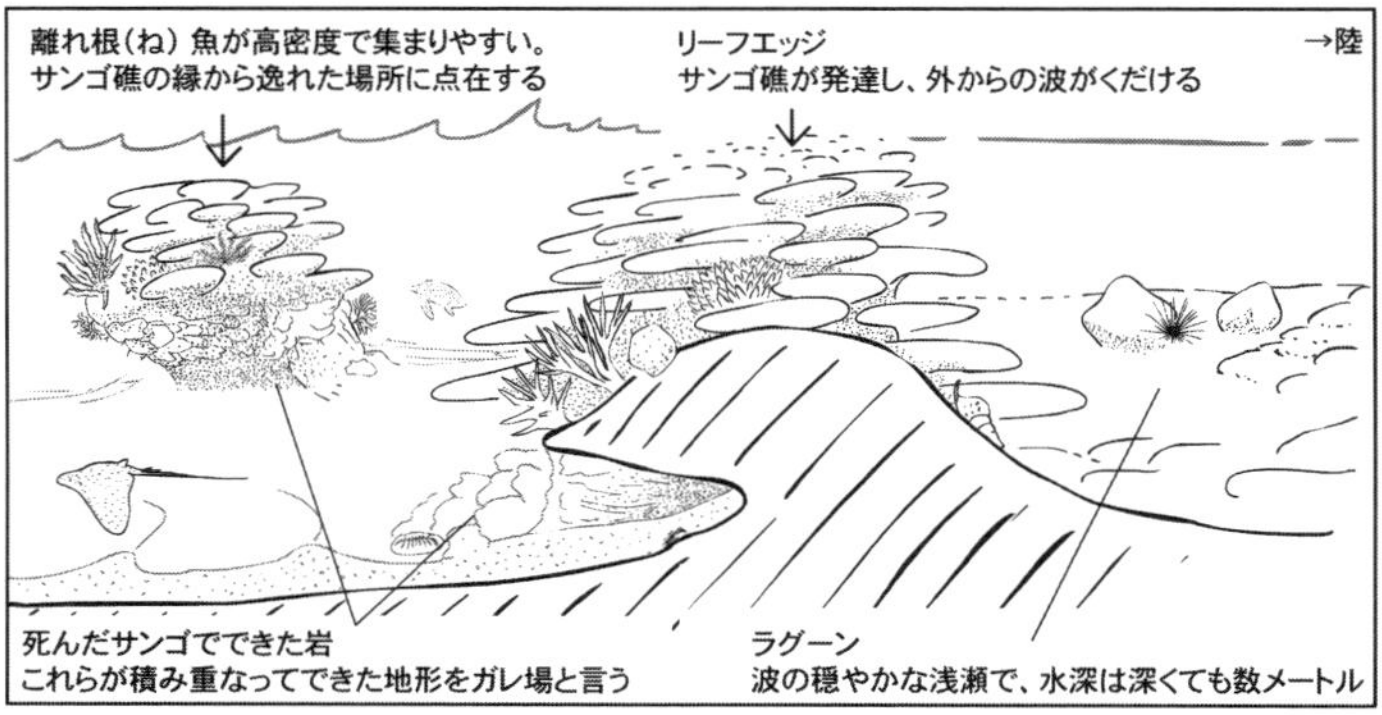

図2·15　沖縄で見られるサンゴ礁の典型的な模式図

ワガタが優占していた。もともとは石垣島で見つかった種で、2004年に田中さんが記載した種だ[2-13]。和名が付されているが、これは後に私が提唱した。しかし、阿嘉島で最初に採集したウミクワガタは、今のところ一期一会である。何度か追加採集へ赴いたが、採れず終いだった。

コラム⑤　陸と海の両方で採る

「太田は、クワガタを採りに行くって言うが、陸のか、海のか、どっちかわからん」

広瀬先生に冗談まじりで突っ込まれる。

私は昆虫のクワガタムシももちろん大好きで、昼間に海でウミクワガタを採った後、夜間にクワガタムシを含む昆虫を採りに行くことがよくあった。沖縄の離島はクワガタムシが種分化しており、島ごとに種が違うので、特に調査旅行で離島へ行く時は、ダイビングスーツと一緒に昆虫採集道具も持って行く始末であった。

ウミクワガタ類の中には、海中に沈んだ流木から得られたものもいる。したがって、海の中でも流木を見つけると、私はおもむろに破壊する。木材穿孔性の貝類や、ヨコエビ類、コツブムシ類などが採れることが多いが、最も驚いたのが、刺網にかかった流木を崩した際、ウミクワガタでなく、昆虫のクワガタムシの幼虫が死んで間もない状態で見つかったことだった。

よく動物が分布域を広げる話で、流木に乗って陸地を渡るという説明がされているが、こういう発見をすると、現実味が増す。

ちなみに、新種という言葉は、本来新種を論文で発表する時にのみ用いられる。新種として論文によって報告されていない種を正確には未記載種と称するが、本書では未記載種を、新種あるいは名前を付けられていない種と表現している。

4 干潟のウミクワガタ

4・1 ミナミシカツノウミクワガタとの出会い

なんとかウミクワガタ類の採集ができるようになり、広瀬先生の研究室へ配属が決まり、ウミクワガタ類の研究ができるようになった。しかし、決定打には足りない。

ある程度は狙って採れるとはいえ、確実ではなかった。ウミクワガタ相の記録では、科学というよりも、ただの記録に過ぎない。卒業論文ではこれでも良い。しかし、生物学として成り立つものとはほど遠い。広瀬先生と話題になっていたのは、確実に多数のウミクワガタ類が採れる場所を見つけ出すことだった。そうすれば、多数の標本に基づく生物学的な現象が見いだせるからだ。サンゴ礁のウミクワガタ類というだけでは、生物学として議論しにくいのである。

しかし、幸運としか言いようがない。ほどなくしてそれは解決する運びになった。

また生物クラブである。生物クラブのメンバーと、沖縄本島の北部にある羽地《はねじ》内海へ、ウミギ

図2·16　羽地内海
サンゴ礁の華やかさとは裏腹に、マニアックな砂泥の生物がひしめく。

クガイを採りに出かけた。羽地内海は、本部《もとぶ》半島と屋我地《やがじ》島に挟まれた内湾環境で、サンゴ礁はあるにはあるが、礁の内側は砂泥の干潟である（図2・16）。その環境の特殊性から、他の海とは違った生物相となっている。冬になると夜に干潮になり、干潟の岩から、ウミギクガイという二枚貝が収穫できる。ホタテのような太い貝柱に濃厚な味わいがあり、知る人ぞ知る珍味である。これをシチューにしようということになった。

無事、多くのウミギクガイが採れ、私のアパートでウミギクガイを洗っていると、多くの動物が付着していた。サンゴ礁の岩と同じように、いつもの癖で、網でろ過してみた。すると、ウミクワガタ類のメス成体やプラニザ幼生がたくさん出てきたのだった。オス成体は結局見つからなかったものの、ワナワナとウミクワガタ熱にかき立てられ、ウミギクガイのシチューのことなど、どうでもよくなった。その結果、翌日のシチューは散々の味となる。

これはすぐ近くにウミクワガタ類の棲み家があるに違いない。そう確信して、次の大潮の夜にウミギクガイが付着している環境付近をくまなく探してみた。海藻やカイメン類、岩や砂など、文字通り洗いざらいだった。しかし、目を凝らして見ても、それらしき小動物は見られなかった。

少し場所を変えて探してみると、赤紫色をした毒々しいカイメンを見つけた。これを何気なくちぎる。すると、ボロっと簡単に裂けたところから、小さくて白い大アゴが見えた。

「うっっ！！！　これはっ……！」（図2・17）

……ほんのひとつまみ。ほんのひとつまみだった。小さなカイメンから、ウミクワガタのオス成体やメス成体が何個体も這い出してきた！　あれだけサンゴ礁で幾多のカイメンを調査してきたのに。この赤紫色のカイメンは、紛れもなくウミクワガタの成体の棲み家だった。

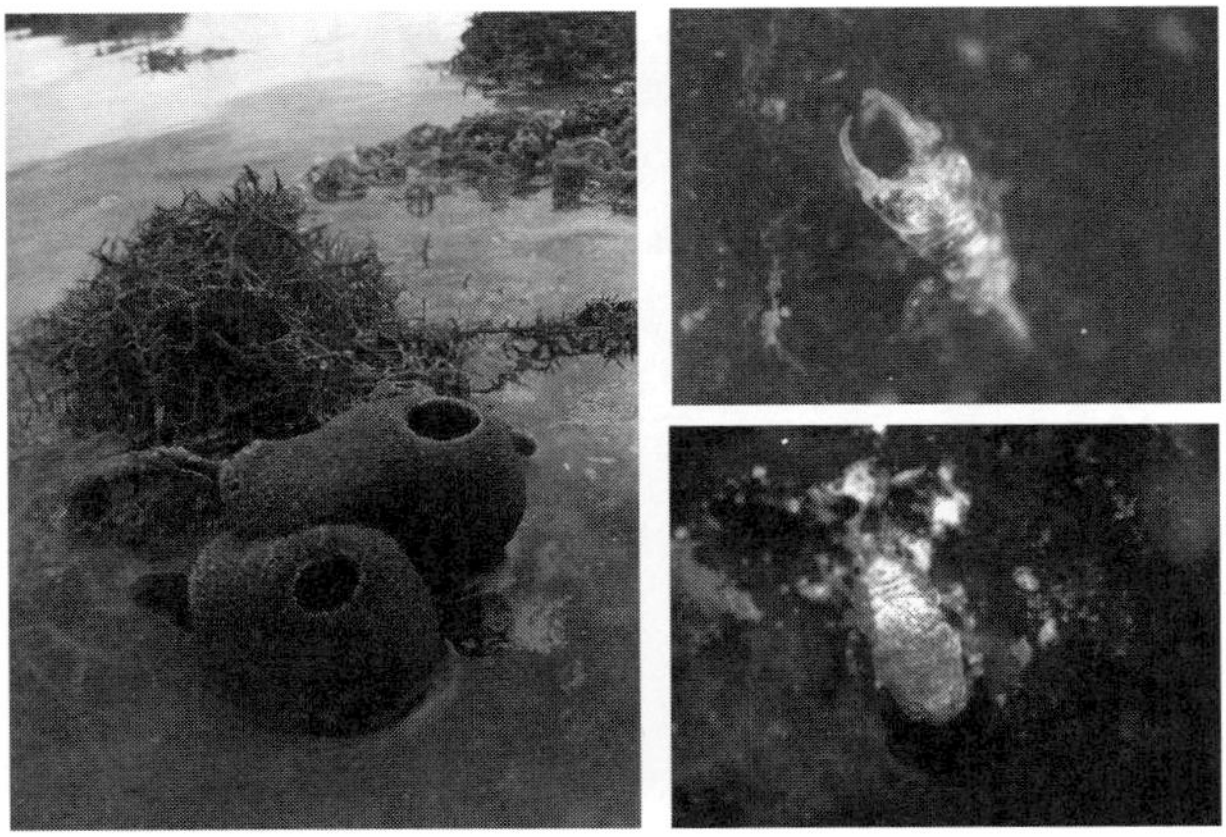

図2·17　ミナミシカツノウミクワガタ *Elaphognathia nunomurai*

赤紫色のカイメンの一種 *Haliclona* sp.（左）とその中に多数棲んでいたミナミシカツノウミクワガタ（右上がオス成体、右下がメス成体）。特定のカイメンの中に入り込んでいた。Ota *et al.* (2008) [2-14] より転載。

「うおおお！！　いたぞ！　いたぞぉ！」

感激。研究室ではなく海で。固定された標本ではなく生の姿で。発見の瞬間に歓喜の雄叫び。ついにウミクワガタの棲み家を、狙って、確実にたくさん採れる場所を見いだすことに成功した。研究を始めて、7か月後のことだった。

4・2　ミナミシカツノウミクワガタの季節性

夜が明けても興奮は冷めなかった。その晩は数百個体のウミクワガタを採集することができた。広瀬先生に報告し、田中さんにメール。また次の大潮に採集してみて、やはりたくさん採集できた。ようやく研究らしい研究を始められることになった。

干潟で採れたウミクワガタは、日本本土で田中さんが研究をされていたシカツノウミクワガタによく似ていた。大アゴは長く、先端が二又に分かれたかっこいい種だ。後にこれは、他の産地のシカツノウミクワガタと形態およびＤＮＡ情報を比較し、ミナミシカツノウミクワガタという新種として記載した（以降、ミナミシカツノと呼ぶ：図2・18）[2-12]。また、後に、サンゴ礁域のごく浅い水深のカイメンからも見つかった。

さて、このミナミシカツノをどう研究してみようか。まずは、季節的な個体数の増減や、繁殖時期を調べるために、毎月のサンプリングを行うようにした。

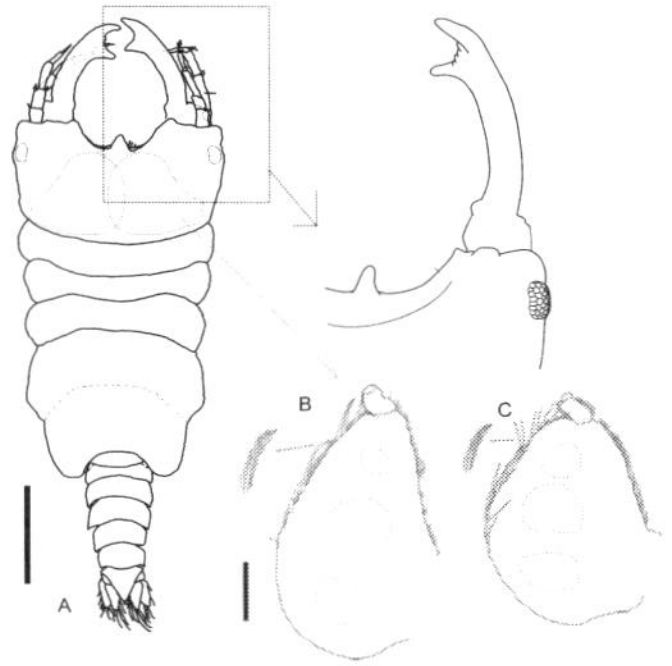

図2·18　ミナミシカツノウミクワガタのスケッチ
近縁種のシカツノウミクワガタと比べ、口器、門脚の剛毛の数が著しく少なかった。A, B はミナミシカツノ、C はシカツノ。

ウミクワガタ類、ことに寄生性甲殻類で、かつ一時寄生性の種において、自由生活時の季節消長を調べたケースは世界的に見てもほとんどない。ウミクワガタ類では、特に熱帯・亜熱帯の温暖な環境での研究例がなく、どのような季節性があるのか、研究する価値があった。

方法は簡単であった。毎月、カイメンの群体を5つずつ採集し、カイメンのサイズ（乾燥させて重さを測る）や、ミナミシカツノの発育段階、体サイズを観察していった。これを2年続けたので、卒業研究だけでなく、修士研究に発展していった。

2年間もの調査の末、明らかになったのは、ミナミシカツノは夏の高温で個体数が著しく減少することだった。田中さんもシカツノウミクワガタで伊豆半島の季節消長を調べていたが、真逆の結果だった。温帯域のシカツノや、国外の数例の研究では、冬の低水温期にメスが出現しなくなる。ウミクワガタ類だけでなく、ヨコエビ類など一部の小型甲殻類に見られる現象で、ある一定の水温以下になると、発育がストップする。幼生期に脱皮しなくなるのだ。ウミクワガタ類の場合、メスの繁殖が終わると、その後死んでしまい、結果としてメスよりも長命なオス成体や発

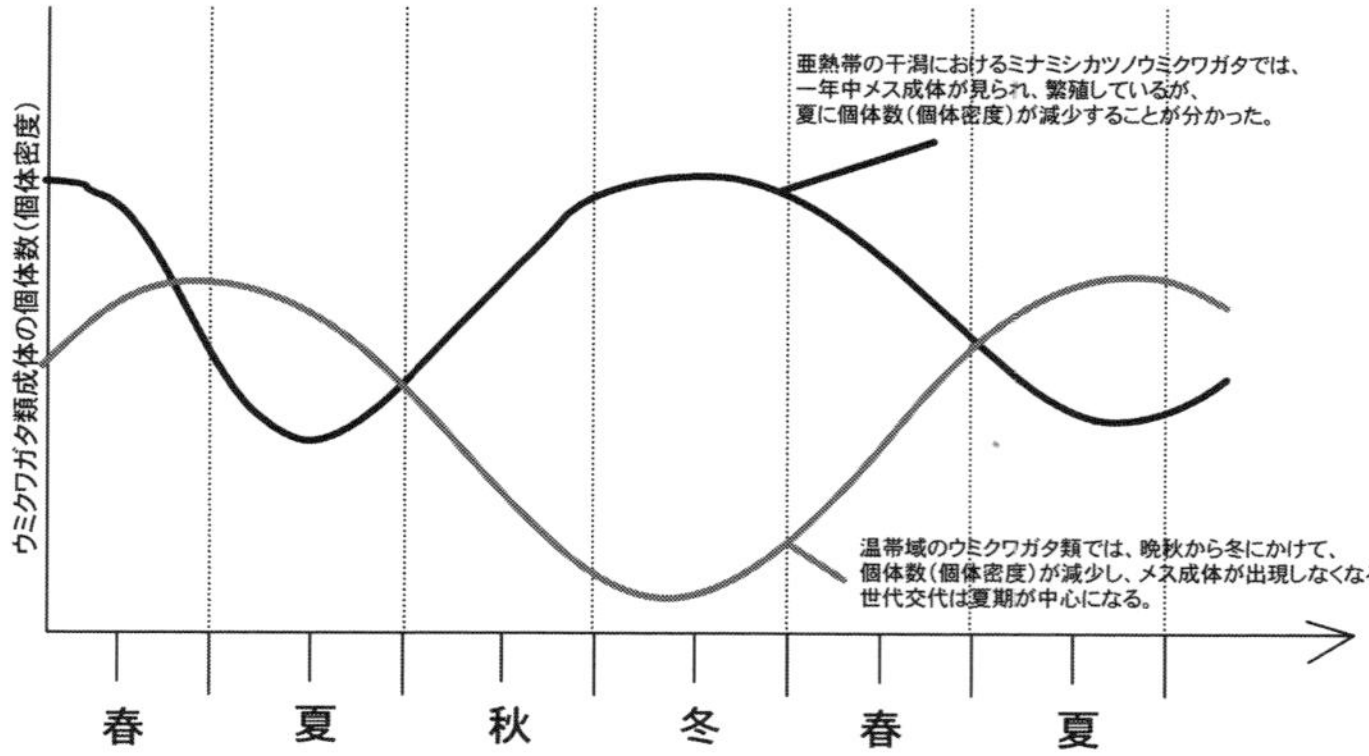

図2·19　ミナミシカツノウミクワガタの個体数の季節変動の模式図

これまで温帯域沿岸の数種で、季節変動が調査されてきたが、亜熱帯域では夏に個体数（＝各調査地点の個体密度）が減少することが明らかになった。グラフは、Upton (1987) [2-15], Tanaka (2003) [2-16], Ota *et al.* (2008) [2-14] を参照し作図。

育停止した幼生しか見られなくなる。その結果、冬の低温時は世代交代が行われなくなる。ある程度低温になると、メスが次々に死んで、新規加入個体が無いため、個体数が減少するのだ。

私が調査した環境では、一年中温暖なので、発育の停止は見られず、一年中世代交代、つまり、卵を持ったメスが見つかった。しかし、夏に高温に曝されすぎて、個体数が減少、つまり「夏枯れ」を起こしている様子だった。夏の間、ミナミシカツノはより深い水深に移動しているのかもしれない。実際に、真夏の沖縄の干潟は、高温になり過ぎて、帽子をかぶっていなければすぐに熱射病になる。羽地内海の浅瀬はお湯のようになる（図2・19）[2-14]。

5　泥を掘ってハーレムを形成する汽水性ウミクワガタ

5・1　ドロホリウミクワガタとの出会い

毎月のミナミシカツノの調査に慣れた頃、とても大きな発見をした。

卒業論文を出し終えた頃、研究室のゼミで、北アフリカからヨーロッパの塩性湿地に棲むウミクワガタについて紹介した。なんでも、汽水域の泥干潟に穴を掘って、中で数十ものメスを引き入れる種がいるそうだ。ヨーロッパで当時よく研究されていたのが、この汽水性でハーレムを形成する種だった（図2・20）[2-17]。日本にもいたら面白いなと思っていた。

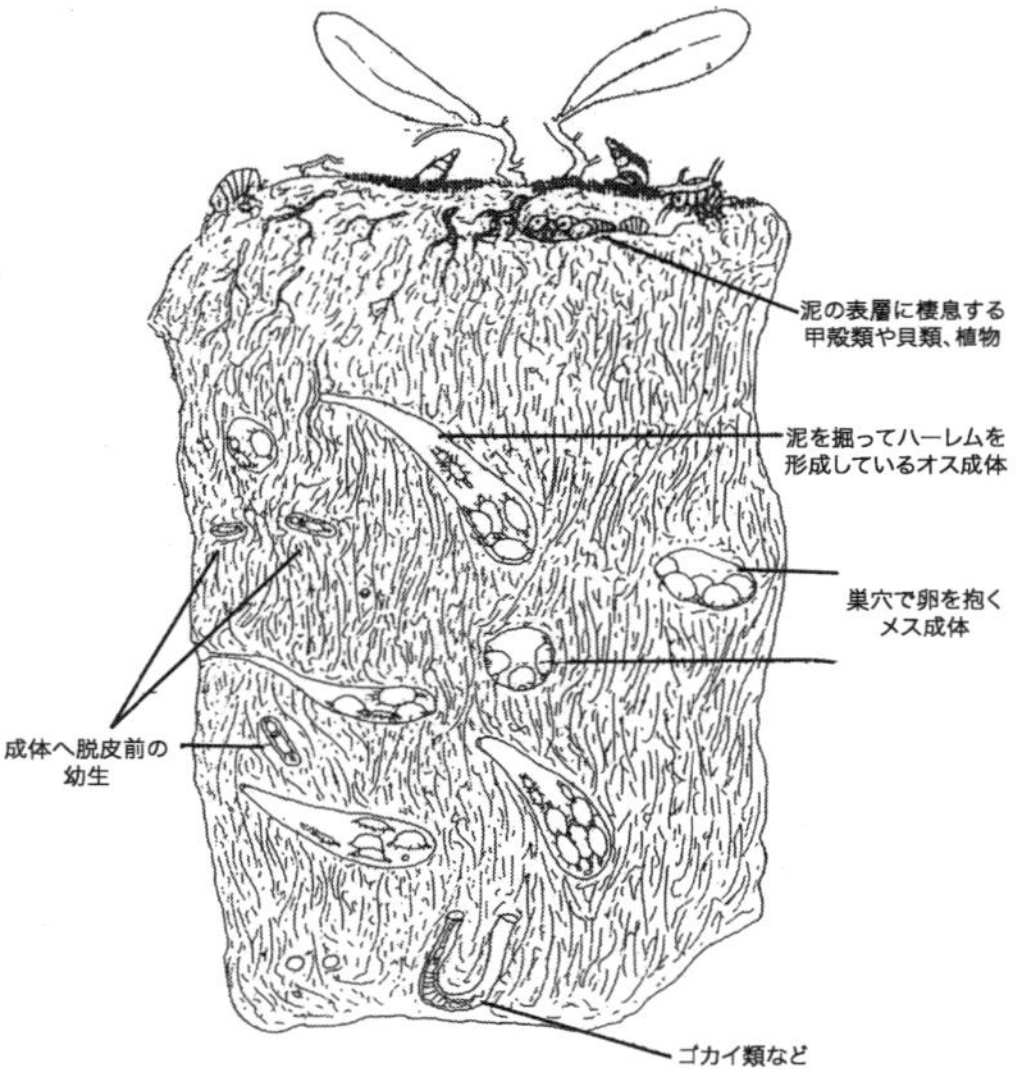

図2·20　北アフリカからヨーロッパの塩性湿地に棲むウミクワガタの一種 *Paragnathia formica*
泥の中で巣穴を作って、ハーレムを形成する。Monod (1926) [2-17] より転載。

図2·21　沖縄島の巣穴を掘ってハーレムを形成するウミクワガタ
マングローブの河口干潟に棲む。Ota *et al.* (2007) [2-18] より転載。

その翌週、ミナミシカツノの調査を終え、帰りがけに、小規模のマングローブ林と泥干潟があった。小さな川が流れ、泥干潟を削り、50センチほどの泥の崖ができていた。ヨーロッパの種も、こうした環境にいるんだよな……。ふと、そう思い、車から降りて、そのマングローブ干潟の泥を観察してみた。

小川の縁にある泥を手でほぐしてみた。すると、直径2センチ足らずの小さな丸い部屋があり、中に風船状の虫が1個体入っていた。泥だらけで、よくわからなかった。まさかウミクワガタじゃないよな。と思い、川の水を入れた瓶にその小さな虫を入れてみる。動きがウミクワガタの幼生っぽい。まさか……と思い、他の泥壁も崩して行く

コラム⑥　新発見のリアクションあれこれ

新しい発見をしたときの生き物好きや研究者のリアクションはいつ見ても面白い。典型的な例を挙げる。

レベル1．ガッツポーズをする・・・待ってましたと言わんばかりに、ポーズを決める。水中でも「ヨッシャ」というリアクションが見られる時もある。

レベル2．叫ぶ・・・ひたすら待ち望んでいた動物を前にして、歓喜の雄叫びを上げる。水中だと雄叫びがモゴモゴ言って何を言っているのかわからない。隣にいるともらい笑いする。外国人研究者に多く見られる。

レベル3．踊る・・・1と2の後に行うことが多い。ひたすらに歓びを全身で表現する。

レベル4．隠す・・・特に集団で調査している際に見られる。きわめて冷静な判断で、こっそりと珍しい動物を隠してしまう。しかし、歓びがにじみ出て、ニヤニヤしていることが多いのですぐにバレる。

レベル5．震える・・・想定外の発見で大きな衝撃。プルプルと体が震え、放心状態となる。

レベル6．何も言わない・・・ベテラン研究者に見られる行動で、とやかく騒がず、熟考する。世界的な発見である可能性があるが、文献でしか知らないので、うろ覚えで、口に出せる自信がない。研究室に戻ると、もちろん即座に調べ始める。確定すると発表も早く、論文化の最優先事項に躍りでる。発見から1年以内のスピード公表だったりする。

と、小部屋がたくさんあって、中に風船状の虫を取り囲んで、1個体の虫が鎮座していた。ヨーロッパのあの文献のままではないか……!

「え??　うそだろ?」　目の前にある光景に半信半疑で、鎮座している虫を水の中に入れて、凝視する。小さな大アゴを持った、見たこともない新種のウミクワガタだった。いつも通っている所で、あまりにも唐突な発見に、腰が震え、声も出ない放心状態となった。

研究室に戻って、じっくり観察してみたが、やはりウミクワガタの新種だった。しかも、半分乾いた、汽水域の泥の中に巣を作ってハーレムを形成していた。これには広瀬先生も興奮気味だった。卒論を終えたばかりだったが、すぐに新種記載の準備に取り掛かることになった（図2・20）。

5・2　ドロホリウミクワガタの記載［2-18］

この巣穴は、ウミクワガタがオスの成体になる前の幼生の段階であらかじめ作ることが実験で明らかになった。その後、オス成体へ脱皮し、メスを呼び込み、ハーレム形成へ至るのだろう。また、泥地に好んで営巣している習性から、ドロホリウミクワガタと名づけた（以降ドロホリと呼ぶ）。

初めて新種として記載することになったが、小型甲殻類の新種記載はきわめて大変な作業だった。そもそも分類をする研究者が少ないので、分類をするための重要な特徴がわからない。そのため、すべての歩脚、腹肢、触角、口器を詳細にスケッチするのである。例えば、エビやカニ類、比較的目につきやすい昆虫類では、分類に重要な特徴だけをスケッチし、昆虫の場合、全体像は写真で済ませることもできる。多くの分類学的検討がなされてきたからである。しかし、小型甲殻類の場合はそうはいかない。

　まずは、2ミリほどのドロホリの全体像を顕微鏡下でスケッチする（図2・22）。正確に描くには、顕微鏡に備えつけた、描画装置《びょうがそうち》というものを使う。これは、顕微鏡に映った像に、右側にあるケント紙などに像を投影させる装置だ。顕微鏡を見ながら、映った像をなぞって、右手で絵を描いてゆく。描いている途中、少しでも標本がズレると、スケッチも歪む。そのため、標本は動かないように注意深く固定する。また、標本は当然厚みがあるので、顕微鏡のピントをうまく前後させて、毛やイボが、どの位置関係にあるのかを正確に判断して描いてゆく。緻密な作業だ。

　歩脚を除く全体像や頭部をスケッチし終えると、細く尖らせた針で、それぞれの脚や腹肢などを顕微鏡下

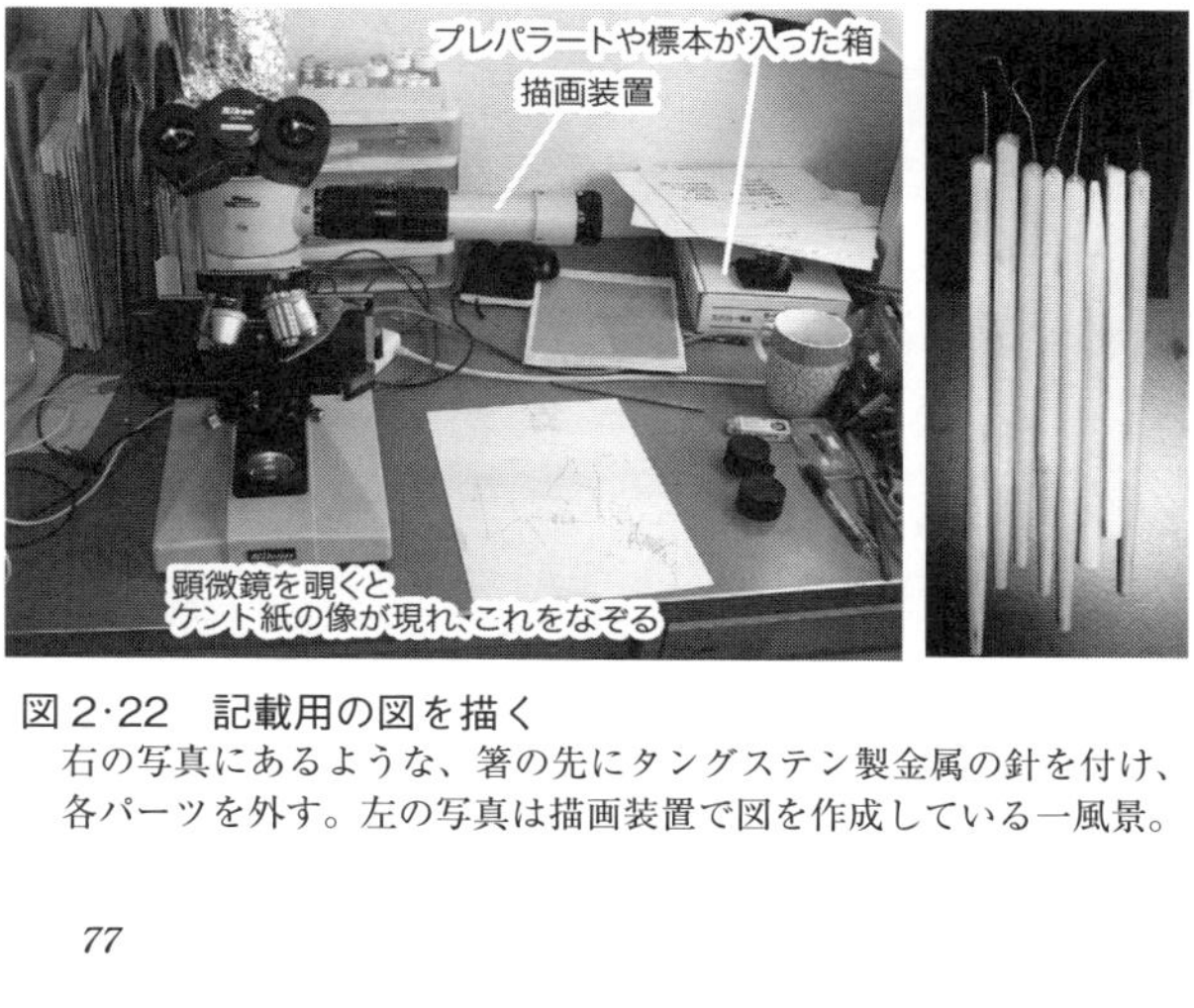

図2·22　記載用の図を描く
右の写真にあるような、箸の先にタングステン製金属の針を付け、各パーツを外す。左の写真は描画装置で図を作成している一風景。

で注意深く外してゆく。2ミリ程度の標本の、さらに体の一部である。フッと息をしただけで、飛んでしまい、顕微鏡の周囲にある塵と同化する。がさつな私は、何度も紛失し、一からやり直すことになり、その度に私は「かーーーーっ！」と発狂するのである。

これら体の一部は、あまりにも小さいので、プレパラートに封入するようにした。封入する作業も、一回こっきりだ。封入剤に微小な試料を入れる作業は、まず、液体の封入剤をスライドグラスに一滴垂らす。そこに、塵に等しいサイズの体の一部を乗せる。こんな小さなものをどうやって乗せるのか？　どんなに細いピンセットでも、摘むだけで、試料はぐしゃっと潰れるか、ピンセットのどこかにくっついて塵と同化する。そこで、私は、歯ブラシの毛を一本だけ切って、これを割り箸の先にくっつけた。そして、顕微鏡下で、試料を歯ブラシの一本の毛の先に乗せるか、固定液のわずかな表面張力を利用してくっつける。そして封入剤の上にやさしく乗せる。次に、カバーグラスをやさしく乗せる。カバーグラスを乗せる際も油断できなかった。ウミクワガタの体の一部は、透明な部分が多く、見失ってしまうのだ。また、封入剤が少しでも多いと、試料と一緒にカバーグラスの外に漏れて、台無しになってしまう。ウミクワガタに限らず、小型の甲殻類を解剖し、観察し、標本化するのは、全神経を集中させ、精神統一を行わなければ、成し得ない業であった（図2・22）。

特にウミクワガタの幼生は口器が針のようになって微小化しており、3次元的に構造を把握す

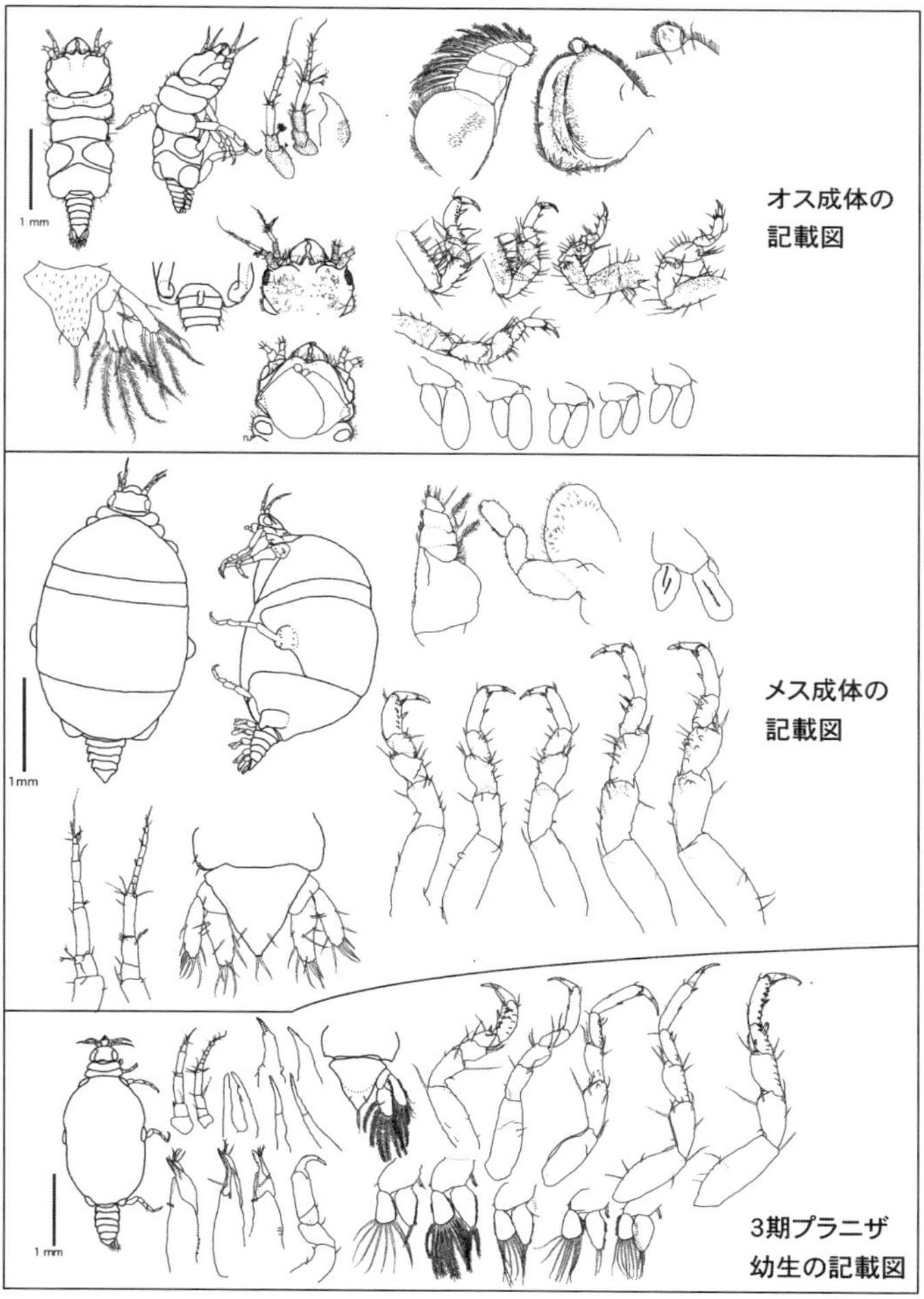

図 2·23　ドロホリウミクワガタに名前をつけるために、論文に掲載した詳細な形態図
全部で 58 のスケッチを描いた。大変の一言。Ota *et al.* (2007) [2-18] より転載。

るのが最高に難しかった、電子顕微鏡を使って、何度も形態把握につとめた。

ドロホリのスケッチを春から開始し、完全に終えたのが夏の終わりだった。忍耐の必要な作業で、広瀬先生や田中さんに何度も見せては、修正の繰り返し。夏休みは研究室に籠《こも》りがちで、今振り返ると、スケッチ地獄の夏だった。

その甲斐あって、ウミクワガタ類のどの部分に毛があって、イボがどの様に分布しているのか、今では手に取るようにわかり、ウミクワガタ類の記載の精度は世界一になった（図２・23）。

まぁ、ウミクワガタの記載をする人は、現在、世界で数人しかいないのだけれども……。

コラム⑦　種の記載

研究者が動物を新種として命名し、論文などに報告することを、新種記載と言う。その一連の作業は次の通りだ。

まずは見つけた動物の形態を詳細に観察する。場合によってはＤＮＡも調べて、他種との差を見極める材料とする。次に特徴をスケッチする。分類群によっては、形態がはっきりと写し出された写真も含める。一方で、これまでの新種記載論文などの資料を集める。これらと照らし合わせて、特徴を書く。それを論文として出版する。詳しくは『種を記載する　生物学者のための実際的な分類手順』（ウィンストン著、馬渡・柁原 翻訳、２００８）[2-19]を参照されたい。

手短かに書いてしまったが、実はきわめて奥の深い世界である。各分類群によって、種を見分ける眼力、標本の扱い、固定方法、解剖方法などが異なる。これらの修得は一朝一夕では身につかず、明らかに職人芸である。また、下手に記載してしまうと、後の修正が非常に面倒で、後世の研究の足枷になってしまう。

種の記載とは、種を分類・整理して科学の土台に乗せることに本質がある。そのため、形態の詳細な記載は必須で、誰が見ても他種と異なることを示す必要がある。

6 ウミクワガタの湧く泉

6・1 宮古島の地下水脈 [2-20]

琉球列島の多くの島の地質は、サンゴ礁が作り上げた石灰岩からなっている。沖縄島の中南部、久米島、宮古島などは代表的な石灰岩地形が多く見られる。石灰岩は、多孔質で水を良く通す。そのため、雨水は石灰岩を通り、石灰岩層のさらに下の不透水層へ溜まる。

琉球列島には、地下水脈があって、洞窟を形成する箇所が多く見られる。これらの洞窟の一部は、第二次世界大戦中に避難場所として用いられてきた。戦時中以外にも、かつては地域の人々の貴重な飲み水を汲む場所や、地域信仰の場所である御嶽《うたき》として機能してきた。その一方で、琉球列島の地下水脈は、海へ流れ、複雑な海底洞窟をつくる。淡水と海水が混じり合い、特殊な環境を作りだす。こうした環境をアンキアラインと呼ぶ。海底洞窟を含む、琉球列島の地下水域には、未知の生物が多く生息する。

琉球列島を中心に甲殻類や棘皮動物を研究されている藤田喜久《ふじたよしひさ》さん（沖縄県立芸術大学）は、宮古島に点在する地下水に棲む甲殻類についての調査をされている。目が退化しつつある地下水性のエビ類、こうした水を利用する固有種ミヤコサワガニなど、魅力的な生物が棲む。このような甲殻類の調査の過程で、藤田さんは、ウミクワガタの湧く泉を発見された。

これを聞いて、意味がわからなかったのが、そもそもウミクワガタの湧く泉が、淡水であり、飲み水として利用されてきた地下水脈だったことだ。海のクワガタが、地下の湧き水でたくさん採れる？　意味が不明すぎるぞ……。

藤田さんの話によると、採れるのはすべて幼生で、成体は採れないらしい。しかし、その数が尋常ではない。多い時はプランクトンネットを何回か投げて数十は入る。海でプランクトンネットをいくら曳《ひ》いても、数個体入れば良いほうだ。

これは、明らかに世界でも類を見ない発見であることを、確信させる情報だった。真相はいか

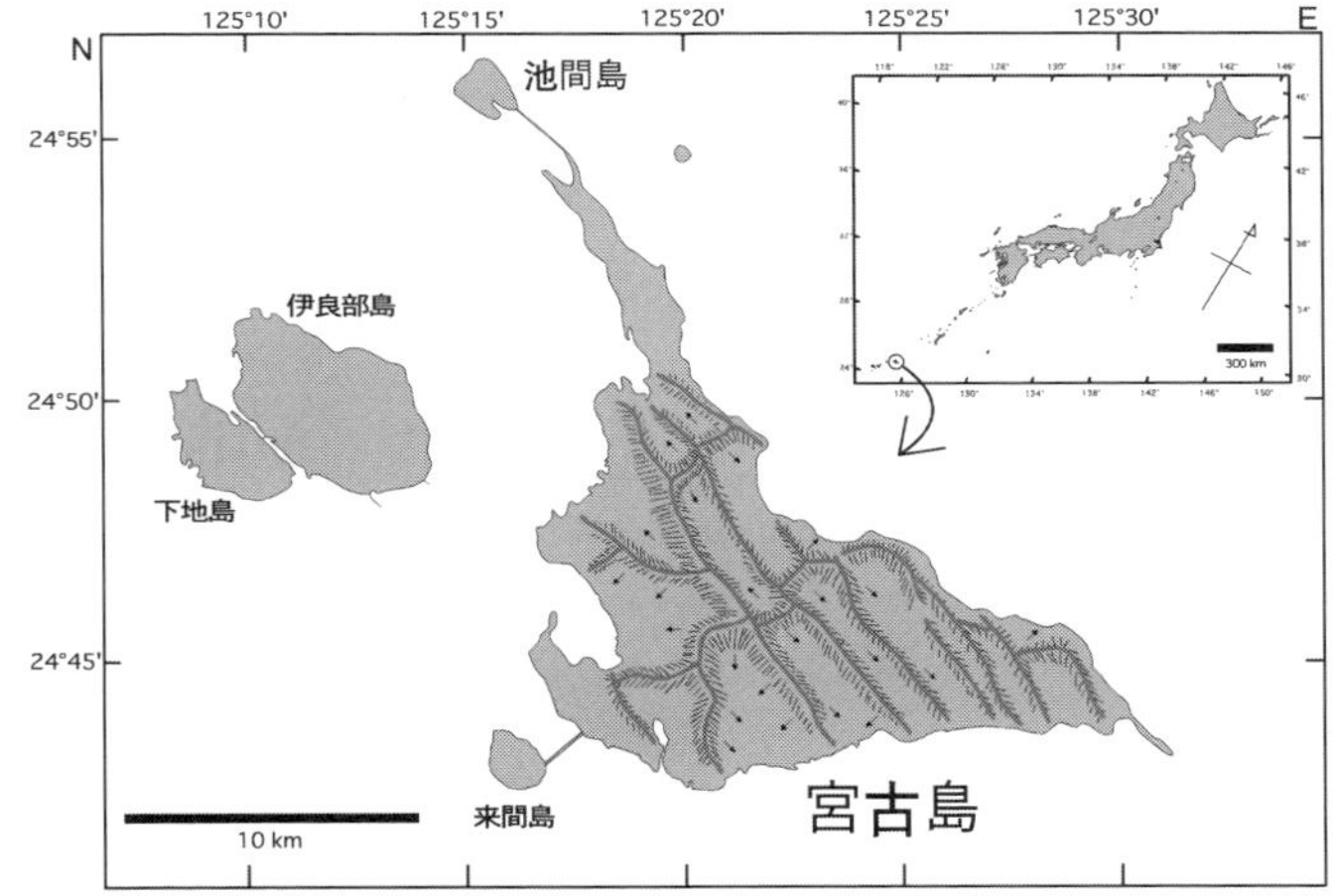

図２·24　宮古島の地下の地形
小さな矢印は地下水の流れで、山のような地形は、地下の不透水層の分水嶺を示す。地表は一見平らである。Ota *et al.* (2016) [2-20] を一部改変。

なるものか。私も宮古島へ赴き、ウミクワガタの湧く泉を調査することにした。

宮古島は、水を通さない島尻泥岩層《しまじりでいがんそう》を基盤とし、そこに石灰岩が乗っている。断層によってこれらの層がズレており、透水層の石灰岩を通って雨水が地下で溜まるという。所々に空洞ができ、地下水が流れ、陥没してドリーネができたり、湧水として地下水が地表に出る（図２・24、25）。なお、多くの場所が重要文化財や保全対象であるため、本書では詳しい地名は載せられない。

私は、特にウミクワガタ幼生が出現する、あるドリーネへ足を踏み入れることになった。１人で調査するのだが、ドリーネを降りると、その奥は暗闇で、初めて行った時は少々怖かった。洞窟を少し入ると、すぐ

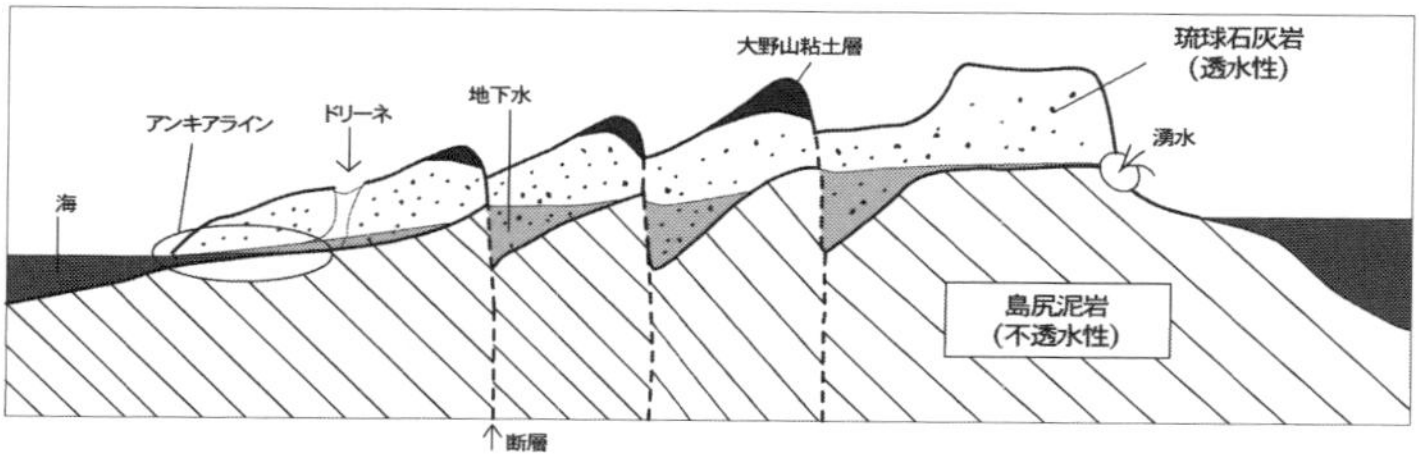

図2·25　宮古島の断面を模式した図
Ota *et al.* (2016) [2-20] を一部改変。

図2·26　ウミクワガタの泉

に湧き水のある行き止まりになった。ドリーネを降りるための石段があり、湧き水の脇はコンクリートで最低限の加工が施されていた。昔、生活用水として利用されてきたものだった。

　実際に見るまでは信じられなかった。水中ライトで照らすと、小さな甲殻類が泳ぎ回っている。目の細かい網で掬《すく》って、瓶に入れて良く覗《のぞ》くと、紛れもない、ウミクワガタ類の幼生だった。それも、とんでもない数だ。ちょっと掬っただけで、何十もいる。奇妙なことに、他の小型甲殻類は少ない。ウミクワガタが優占する地下水環境だ（図2・26）。

　これほど幼生がたくさんいるのなら、成体もいるはずだ。どんな成体が潜んでいるのか、暴いてやりたい。まずは、その地下水の底をさらってみる。底は目の細かい泥。泥を掬って、目の細かい網で掬って、これを繰り返した。が、まったく何もいない。

この地下水脈は、地下で海と繋がっているらしい。その証拠に、海で幼生期を過ごすテナガエビの仲間が見つかる。彼らは目を光らせて、私の奇妙な調査をうかがっている。テナガエビとは逆に、ウミクワガタは幼生しか見つからない。途方に暮れている私の手足に乗っかり、テナガエビはつんつんと私の手や足の汚れを器用についばんでいた。

テナガエビを見て、ふと思った。逆に成体は海側にいるのではないかと。地下水が湧き出る、近くの入り江に行くことにした。

6・2　水中ライトトラップ

調査地の近くには、湧水の湧き出る入り江がある。この付近に成体が居て、幼生が地下水へ侵入しているのではないかという仮説を立てた。その前提で、入り江の海を、くまなく探すことにした。浅く、プールのような狭さなので、シュノーケルで泳ぎ回って、岩や砂などを洗い出して、ウミクワガタの成体を探しまくった。ところが、まったく何も居ない。幼生すらまったく居ないのである。

どうしようかと思いあぐねていたが、まだ手元にカードは残っていた。昆虫採集でよくやるライトトラップだ。宮古島に来る前に、これを試しにやっていたら、それなりの個体数のウミクワ

図2·27　水中ライトでプランクトンを誘引する
小さな水中ライトでも、周囲が暗く、自然度の高い海なら、面白いほど集まってくる。

ガタ類幼生を採集できることを確認していた。夜行性の昆虫を明かりで集めるのと同様に、海の生物も明かりに集まるのだ。

日が沈み、入り江が暗くなる。静かな入り江で、透明度の高い美しいサンゴ礁の内湾。その入り江に、水中ライトを沈め、待つ（図2・27）。昼間とはうって変わって、ものすごい量のプランクトンが集まってきた。カイアシ類、クーマ類、エビやカニ、シャコの幼生、イカの子供、遊泳性のゴカイ類、微小なクラゲ類。まさに生命のスープ。面白いのが、ウミユスリカ類、サンゴアメンボ、ケシウミアメンボ、ミズギワゴミムシ類などの昆虫も集まることだった。

これらの膨大な小動物に混じって、ウミクワガタ類幼生が結構な数採れた。

水中ライトトラップでは、基本的にウミクワガタ類の幼生しか採集できない。成体は、海の底でじっとしているからだ。幼生は明かりに集まる魚の血を吸って、プラニザ幼生の段階になっていることが多い。そのため、これを採集し、成体になるまで待てば、成体が得られるという寸法である。

これを宮古島の湧水の出る入り江でやってみたが、結局ダメ、というよりも、別の新種が採れてしまった。なんだか、別の方向へ転んでしまったのである。

6・3　不完全な結果

宮古島での調査では、結局、成体が採れず、ウミクワガタの泉の謎を解明することができなかった。得られた幼生を、共同研究者で分子系統解析ができる広瀬慎美子《ひろせまみこ》さん（東海大学海洋学部・特任准教授）にお渡しし、DNAバーコーディングを行った。今の時代、生物のDNAを見れば種類がわかると勘違いしている人が生物学者でも多いが、すべての生物に当てはまるわけではない。そもそも、種の記載と命名が行われていなければ、種の判別以前の問題だからである。また、種の記載や命名がなされていても、DNAが何パーセント異なれば種が違うという線引きはできない。生物によって、進化の速度、すなわちDNAに含まれる塩基配列の変化の速さが異なるのだ。

広瀬慎美子さんと共同研究で、ウミクワガタ類の分子系統解析を試みた。だが、甲殻類の系統樹を作成するために見るDNAの一部、正確には細胞に含まれるミトコンドリアのDNAだが、その領域を比較すると、種間で約20～30％も違うという結果が得られてしまった。少なくとも、他の甲殻類で用いられている領域は、ウミクワガタ類における系統分類には役に立たず、この領域における進化速度がきわめて速いということだけがわかった。

最終的に、幼生の形態だけで、種の同定を試みることにした。そう決断したのは、私自身が沖縄を離れ、宮古島へ調査に行くことができなくなったからだった。

幼生の形態を精査して、あっけなく種がわかった。私が最初に記載した、ドロホリウミクワガタの幼生だった（図2・28）。

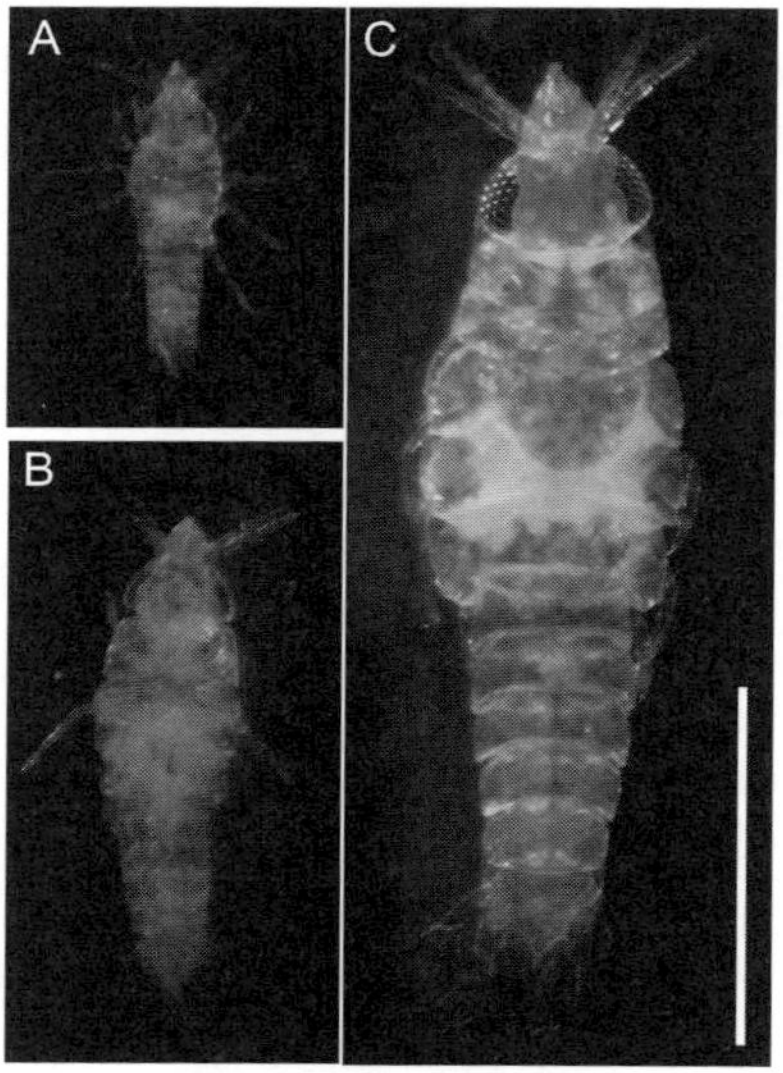

図2·28　宮古島の地下水域で見つかったドロホリウミクワガタの幼生
A：1期ズフェア、B：2期ズフェア、C：3期ズフェア。ほぼすべてが吸血前だった。スケールは 0.5 mm。

あくまで推測に過ぎないが、ドロホリウミクワガタは、どうも汽水域や、宮古島の地下水域のような、海水と淡水が入り交じるような環境に特化した種のようだ。幼生は、むしろ塩分濃度の低い環境へ侵入する。海ではなく、川などの魚の血を吸うために侵入するためだろう。実際に、藤田さんが多くのウミクワガタに寄生されたオオウナギを、宮古島の別の地下水域から発見した。

7　巨大なウミクワガタを探せ！

深海や高緯度海域で、巨大化する海洋生物は多い。小型甲殻類にも、そうした巨大種が各分類群に少しずついる。ワラジムシ目ならば、スナホリムシ科のダイオウグソクムシが有名だが、ウミクワガタ科で巨大な種が採れたら、どれだけ楽しいことだろう。

ウミクワガタ科は世界で２００種ほどが知られているが、様々な記載論文を集めていくと、南極にいる種で2センチ近くなる種がいるぐらいだった。深海域にも、シンカイウミクワガタ属の仲間が分布しており、「鼻」が突出し、大アゴが矮小化し、複眼も退化的な奇妙な形で、かつ1.5センチ前後になる大型種がいる（口絵Cを参照）。もう少し大きな種がいても良いのでは？

「太田、でかい種類見つけたら、ヘラクレスオオウミクワガタっていう名前つけてよ」

研究室で巨大種の話を振ると、冗談まじりで広瀬先生からこう言われるのである。巨大昆虫の名前を付けさせたいらしい。さて、なぜ、ウミクワガタ類には数センチ以上になる巨大種が出現しないのだろうか。

その秘密は特殊な生活史にありそうだ。ウミクワガタ科は必ず幼生期に3度の吸血を行う。その吸血の際、逆に魚に食べられるリスクが伴う。他のワラジムシ類は、３度と言わず、何度も脱

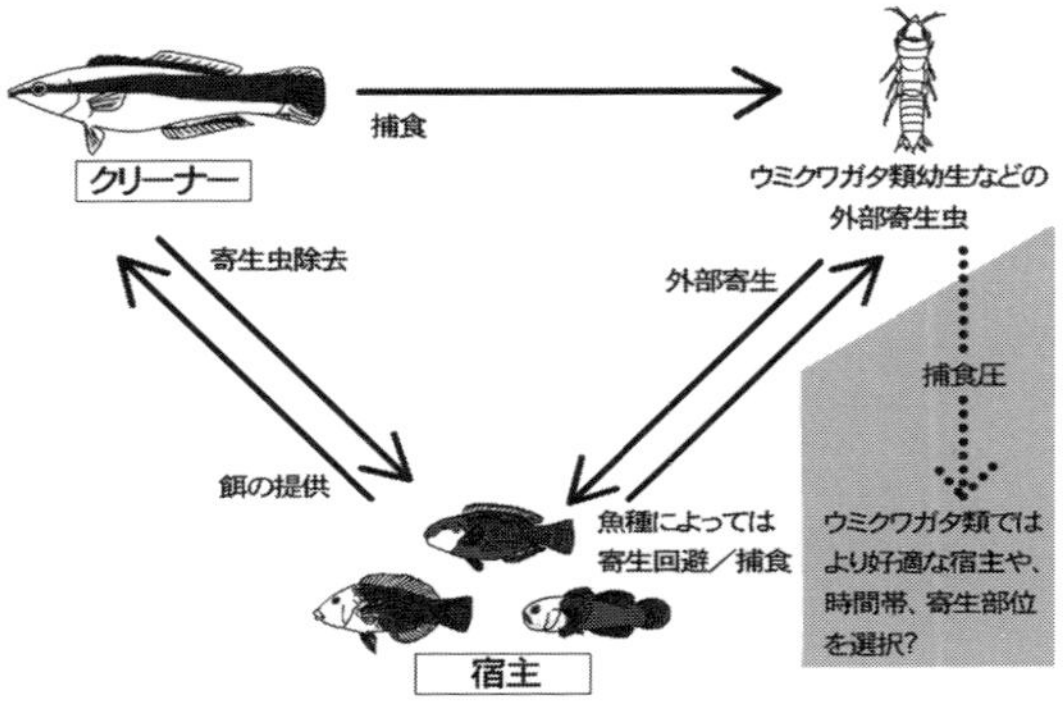

図2·29　魚類で見られる掃除共生とウミクワガタ類幼生

取り除かれる寄生虫の多くは、ウミクワガタ類幼生や寄生性カイアシ類だ。ウミクワガタ類の天敵は掃除魚と言ってよく、天敵からの捕食圧にさらされて進化したようだ。太田（2013）[2-21] より転載。

皮をする。ウミクワガタ類の幼生は、実は海にはありふれた外部寄生者で、多くの掃除共生者によって除外されることで、個体数がコントロールされ、脱皮回数も減少していった可能性がある。

海に潜ると、決まった場所にカラフルなエビや小魚がいて、魚がそこへやってきてクリーニングをしてもらう。これを掃除共生と呼び、こうした場所はクリーニングステーションと呼ばれている。掃除共生者は、ベラ科魚類のホンソメワケベラが代表的だ。他の魚の寄生虫やゴミを取って餌とする魚類は、例えばチョウチョウウオの幼魚や小型のハゼ類など、意外と多くの魚類に見られる。チョウチョウウオ類のように、成魚になると掃除行動をやめる種もいる。こうした掃除行動が一部の種で進化、特化していったものと考えられる（図2・29）。

クリーニングステーションには、多くの魚たちが集まってくる。ホンソメワケベラは目で寄生者を確認すると、器用についばんで除去する。目で確認するので、ある程度大きい寄生者、特に満タンに吸血した風船のようなウミクワガタの幼生はよく目立ち、格好の餌食となる［2-22］。

オーストラリアのグレートバリアリーフでの報告によると、ホンソメワケベラが一日に約1200個体ものウミクワガタ類の幼生を食べているという報告がある［2-23］。ウミクワガタ類の幼生は、掃除共生者の存在によって、巨大化できなかった。また、極端に大きくなれば、掃除共生者だけでなく、宿主そのものからも食べられてしまう。俊敏に泳ぐために細長く、遊泳するための腹肢は発達し、短時間で吸血を済ます。これがウミクワガタ類幼生の生き方のようだ。

ところが、話はそう単純ではなかった。ある日、巨大なウミクワガタ類幼生が大量に見つかった。それもサンゴ礁に棲む魚から。

ある日、私と生物クラブの友人とで、とある刺網漁で採れる魚を見に行った。そこの漁師さんは、刺網で掛かったいらない魚やカニ、その他の無脊椎動物などを提供してくれるのである。そこに通って、刺網から魚を外す作業を手伝って、いらない生物を貰うのである。刺網は、目の粗い網で魚を絡ませて採る。海底には、魚の多い離れ根、魚が通りやすい道のような所があり、潮流の向きを考慮して仕掛ける。そこに通りがかる魚などが刺さって絡まる。

ヒトの赤ん坊サイズのイセエビ類、絨毯のような巨大エイ類、美しい造形の巻貝であるホネガイ類、触るだけで手が腫れる毒ガニ類……。どれも海で潜っても滅多に見られない生き物ばかり。

行く度に胸躍る発見があった。

その日は、エイ類がまとまって混獲された。鰭《ひれ》だけ切られたヒョウモンオトメエイの胴体を貰って、アゴの標本を作ることにした。胴体だけでも人間ぐらい大きい。滅多に得られない大物、私たちは興味津々。内臓や鰓の構造を解剖して観察していた。

すると、目を疑うような光景が見られた。米粒ぐらいの大きさのウミクワガタ類幼生が、エイの口や鰓にたくさん付いていたのだ。これまで見たウミクワガタ類は大きくてもゴマ粒サイズだった。2、3ミリのゴマ粒も、5、6ミリの米粒も小さいと言えばそれまでだが、その差は長さで2、3倍、体積で単純計算すれば2の3乗〜3の3乗で、

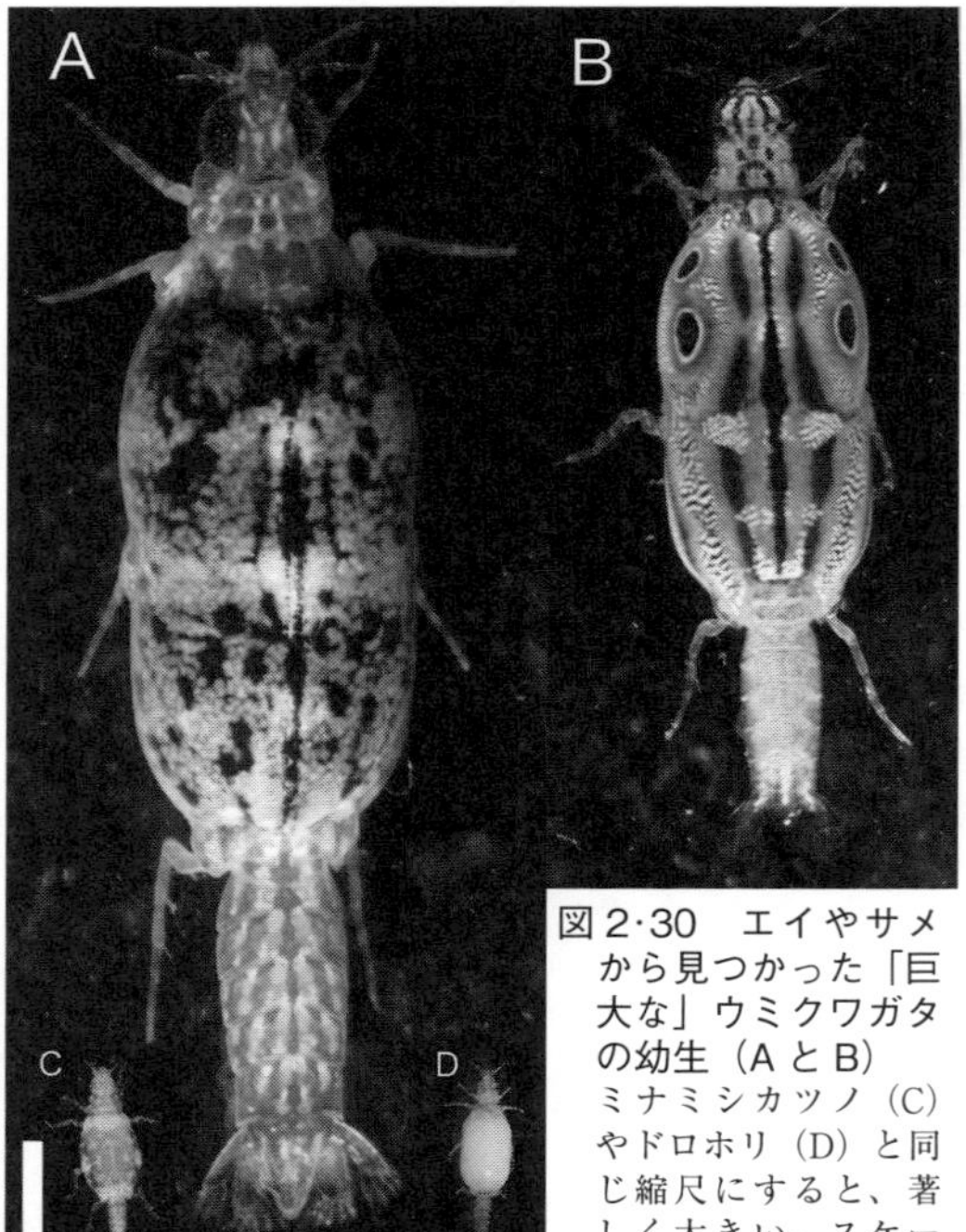

図2·30　エイやサメから見つかった「巨大な」ウミクワガタの幼生（AとB）
ミナミシカツノ（C）やドロホリ（D）と同じ縮尺にすると、著しく大きい。スケールは1 mm。

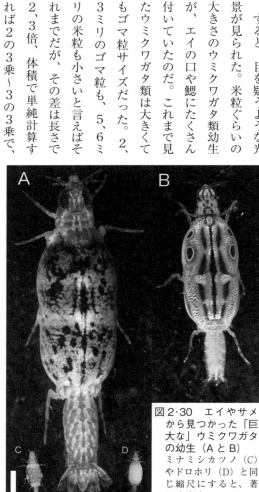

8倍〜27倍となる。大きな差だ。後に多くのエイやサメを解剖していったが、長さが4ミリほどのものから、15ミリもある幼生まで見つかった（図2・30）。

また、これらのウミクワガタの巨大な幼生は、様々な模様をしており、非常に複雑な色をしていた。これも聞いたことがない。どれがどの令期で、1種なのか複数種なのか、見当もつかなかった。軟骨魚類に寄生するウミクワガタの報告は、世界的に見て、文献情報は過去数例のみだったが、実際は、たくさん寄生している。まったくの新発見もいいところだった。

「これは、何だ？　こんなやつらがいるのか……。何だこれは？」

頭がはげしく混乱した。

コラム⑧　大きいのに正体がわからない

亜熱帯の沖縄では、熱帯が分布の中心となる魚種が迷入し、しばしば混獲される。ある朝、漁港へ行くと、顔なじみになり始めた海人《うみんちゅ》の方が、「見たことのないカマンタが揚《あ》がった」という。カマンタとは沖縄の方言でトビエイ類を言う。

見ると、漁船の床を覆うほどの巨大なトビエイだった。1.8メートルの幅があった。その巨大さにも関わらず、図鑑で見たことのない模様をしていた。まったくもって、種類がわからない。あまりにも巨大で、クレーンもないため、何人かでやっと船から降ろした。もう2個体、なんとか1人で持ち上げられるサイズの同じ種のトビエイが採れた。

大きな1個体は美ら海水族館に送られ、2個体を琉球大学に持って行った。当時、魚類分類学の研究室にいた吉野哲夫《よしのてつお》先生に見せると、おもむろに研究室内の大量の書類の山から古い文献を引っ張り出した。台湾の文献だったが、手書きの英語と日本語で記載されている。これによると、巨大なトビエイは、アミメトビエイという種だった。

学生時代、私はウミクワガタ類を採集するために、宿主として、エイ・サメ類に焦点を絞った。単にウミクワガタ類が多く採れるというだけでなく、宿主が大きいために同定が容易だと考えてのことだった。琉球列島の海産魚類は、膨大な種数なので、すべての魚種を宿主として扱う場合、種の同定が難しいことが容易に想像できた。

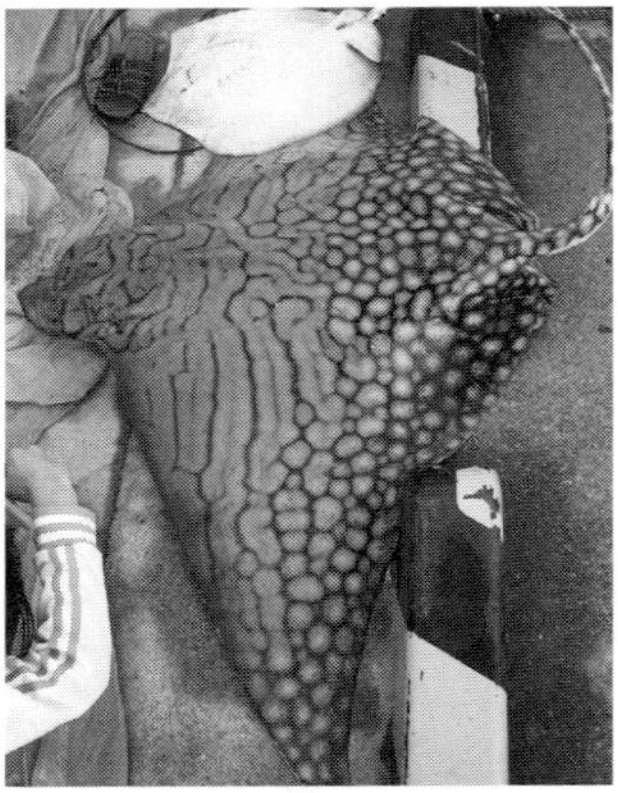

幅が1.8mもあるアミメトビエイ
日本の魚類図鑑には載っておらず、公式には未記録ということになるが、美ら海水族館で、もっと大きいサイズのはく製が展示されている。

しかし、実態はまったくの逆だったのである。エイやサメの同定はむしろ難しかった。大きすぎて、液浸標本にされにくい一方で、１００年以上前から世界各地で記載され、名前が混沌としているものが少なくなかった。また、まったく特徴のないエイ・サメ類もいて、種まで同定できなかったことがザラにあった。それどころか、宿主の新発見すらあるのだ。

7・1　ウミクワ・マンション

サンゴ礁をあれだけ探したのに、こんな巨大種がエイに付いているとは……。とにかく、この幼生を成体にさせて、種を判別しなければ。そう思い、成体に脱皮させるためにシャーレなどで飼ってみた。見たところ、十分に吸血したプラニザ幼生がたくさん採れたので、脱皮を待つだけなのだが……。

しかし、なぜかうまく脱皮できず、皆死んでしまう。海の生物の飼育は遊びでやっていたが、離島へ出かけて長期間不在にすることで生き物を死なせてしまうことが多かった。また、こまめに掃除したり、水換えすることも面倒で、怠りがちになりやすく、面倒くさがりの私には不向きな作業だった。

そのようなこともあって、無事成体へ脱皮させられるようになるのに1年半もかかった。結局、90センチ水槽で海水を回し、月一回最寄りの漁港から汲んできた海水を半分換えることによって、海水の水質をある程度キープできた。また、ウミクワガタ類の幼生をそのまま入れるのではなく、百円ショップで売っている洗濯用ごみ取りネットを棲み家代わりにするとうまくいった。しがみつくことができて、なおかつ狭いところが脱皮場所として都合が良いらしい（図2・31）。

これをウミクワ・マンションと名づけて、サイズや模様別にグループ分けし、それぞれの発育の経過をメモしていく。その結果、これら巨大なウミクワガタ類幼生は、すべて成体になる前の

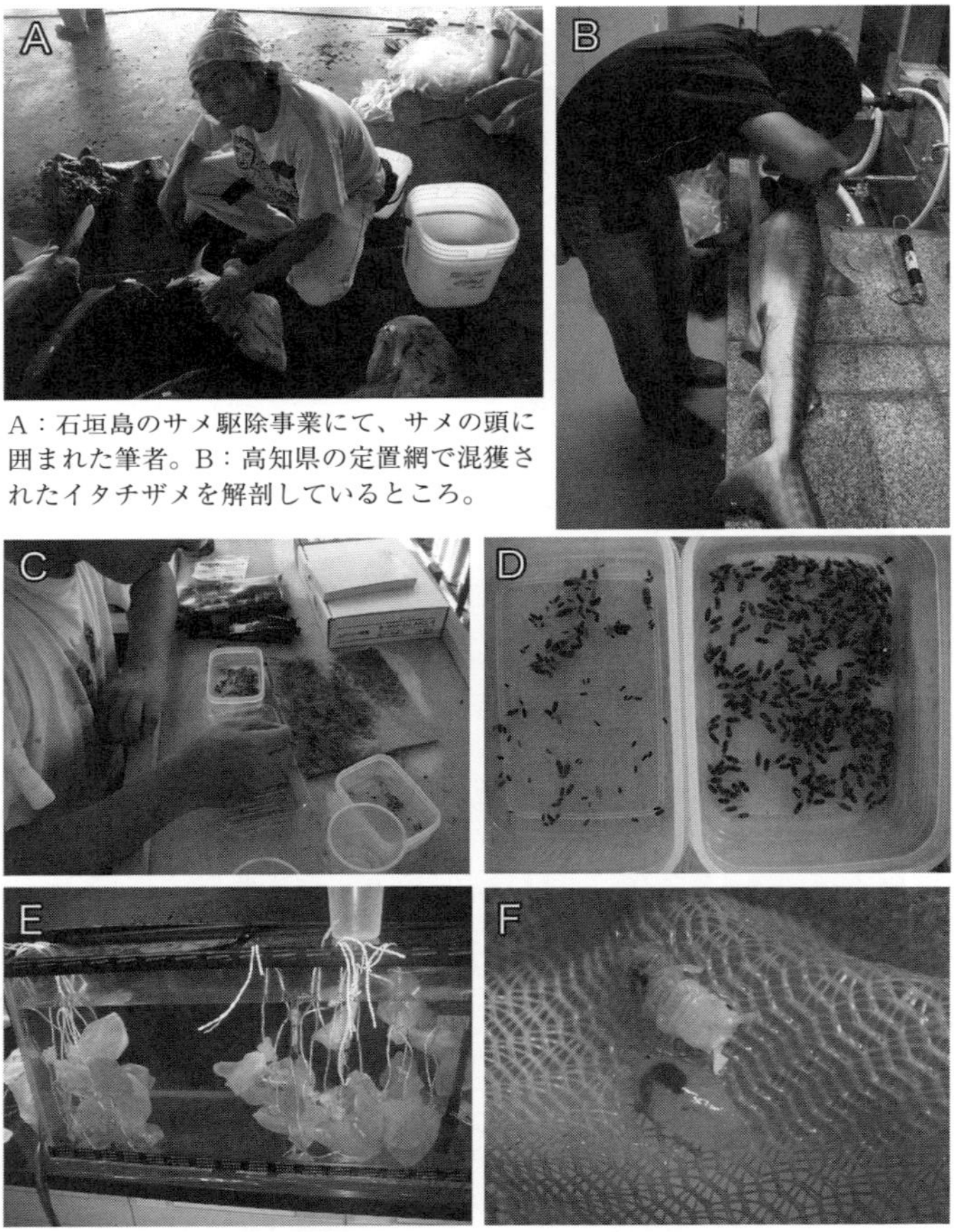

A：石垣島のサメ駆除事業にて、サメの頭に囲まれた筆者。B：高知県の定置網で混獲されたイタチザメを解剖しているところ。

図 2·31　軟骨魚類の解剖からウミクワガタの飼育まで

C：エイやサメの鰓からウミクワガタ類の幼生をソーティングする一風景。解剖作業によって、宿主の鰓の粘液にまみれしまうことが多く、実験用のワイパーとピンセットで幼生の体に付着している粘液を取り除く。D：生きている個体は海水の入った容器に入れるが、大小さまざまで、模様も異なるので、小分けにする。E：90 センチ水槽に洗濯用ごみ取りネットを入れて、それぞれの脱皮前のウミクワガタ幼生を入れて飼育する。多い時は数百個体飼育した。F：成体になったウミクワガタのオスとメス。

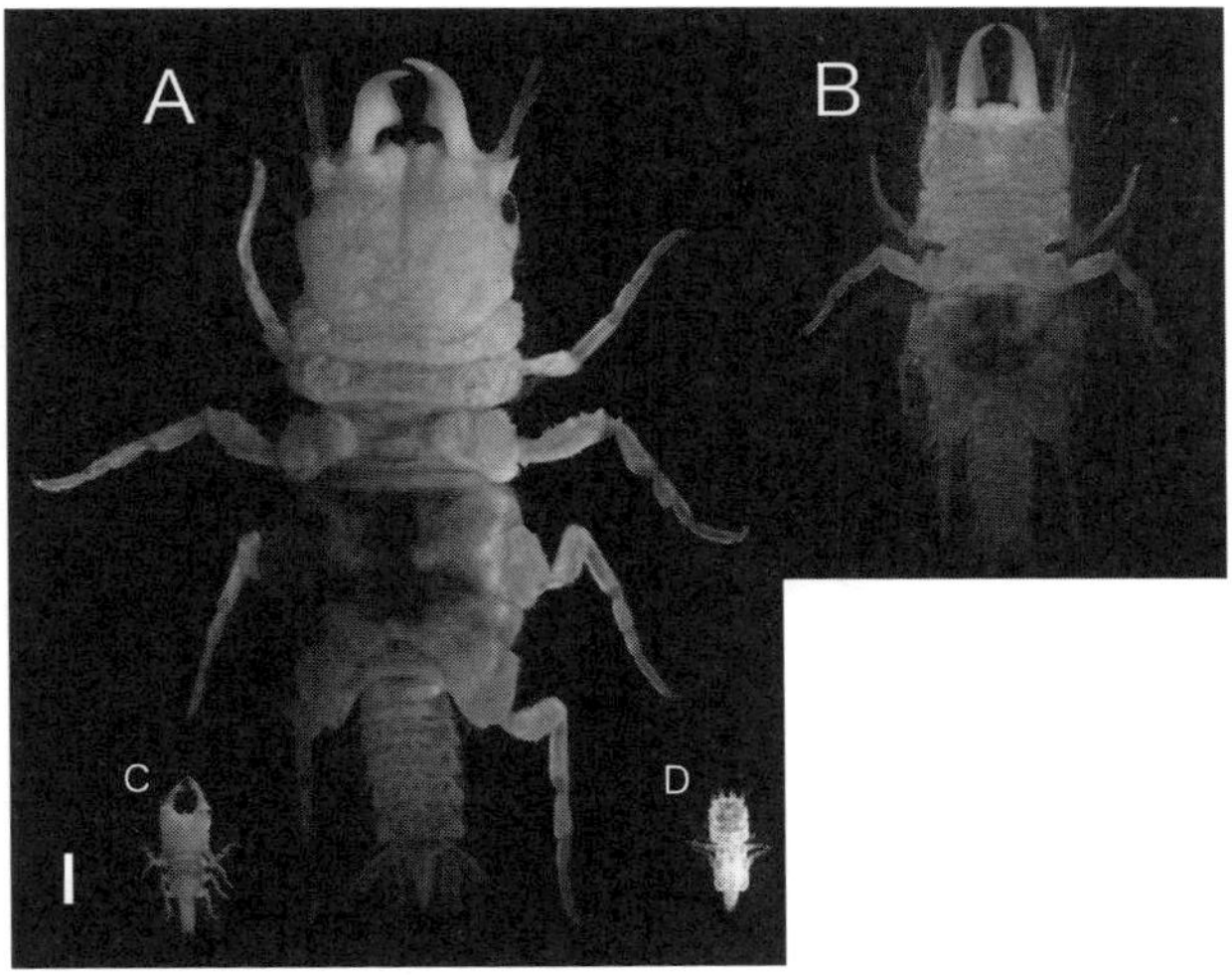

図2·32　巨大ウミクワガタの成体（AとB）
Aはオオウミクワガタ（新称）*Gnathia dejimagi*、Bはムツボシウミクワガタ *Gnathia trimaculata*として記載。ミナミシカツノ(C)やドロホリ（D）と同じ縮尺。スケールは1mm。

令期、つまり3期幼生だった。次の脱皮で必ず成体になることが判明した。また、全部で9種類採集したが、やはりすべて新種だった[2-24～28]。

今回の調査で得られた、最も大きな種は、全長が15ミリ近くに達した。世界屈指の巨大ウミクワガタである。軟骨魚類に寄生するウミクワガタ類に焦点を絞って、大成功だった。昆虫のクワガタムシでたとえるなら、マメクワガタ並にでかい。

ちなみに、今回の調査で最も大きなウミクワガタが得られたのは、巨大なエイ・サメ類ではなく、意外にもネムリブカなどの底性の小型のサメ類からだった。

一方、軟骨魚類から得られるウミクワガタ類の幼生の模様や色は、種を判別するのに有効であることも判明した［2-29］。そのため、これまで幼生形態だけでは種の判別が不可能とされてきたウミクワガタ類の分類学を、一歩前進させることができた。今まで、ウミクワガタ類の幼生は、魚類の外部寄生虫として見つかっていたものの、オス成体が得られなければ種の同定ができなかった。そのため、寄生虫学者からも、ほとんど無視されてきた側面もあった。

このような巨大ウミクワガタは、どのようなかっこいい大アゴを持つのだろう。生物学的な背景はともかく、正直なところ、私はそちらの方が気になっていた。しかし、いざオス成体が得られた時、がっかりした。大アゴは小さく、胴長で、あまりかっこ良くなかったのである（図2・32）。

7・2　軟骨魚類の遊泳タイプと巨大ウミクワガタ類の関係

採集方法を変えれば新発見が多いことは、昆虫採集でもよくあることだった。このウミクワガタ類の発見は、世界中誰もやっていなかった採集方法によるものだったので、まったくの新種で、しかも体がでかい。胸躍る発見だった。

飼育と同時並行で、沖縄本島の浅い海から混獲されるエイ・サメ類を片っ端から集めていった。刺網漁でも多くのエイやサメが得られたが、定置網漁にも直接乗り込んで、エイ・サメ類を採集

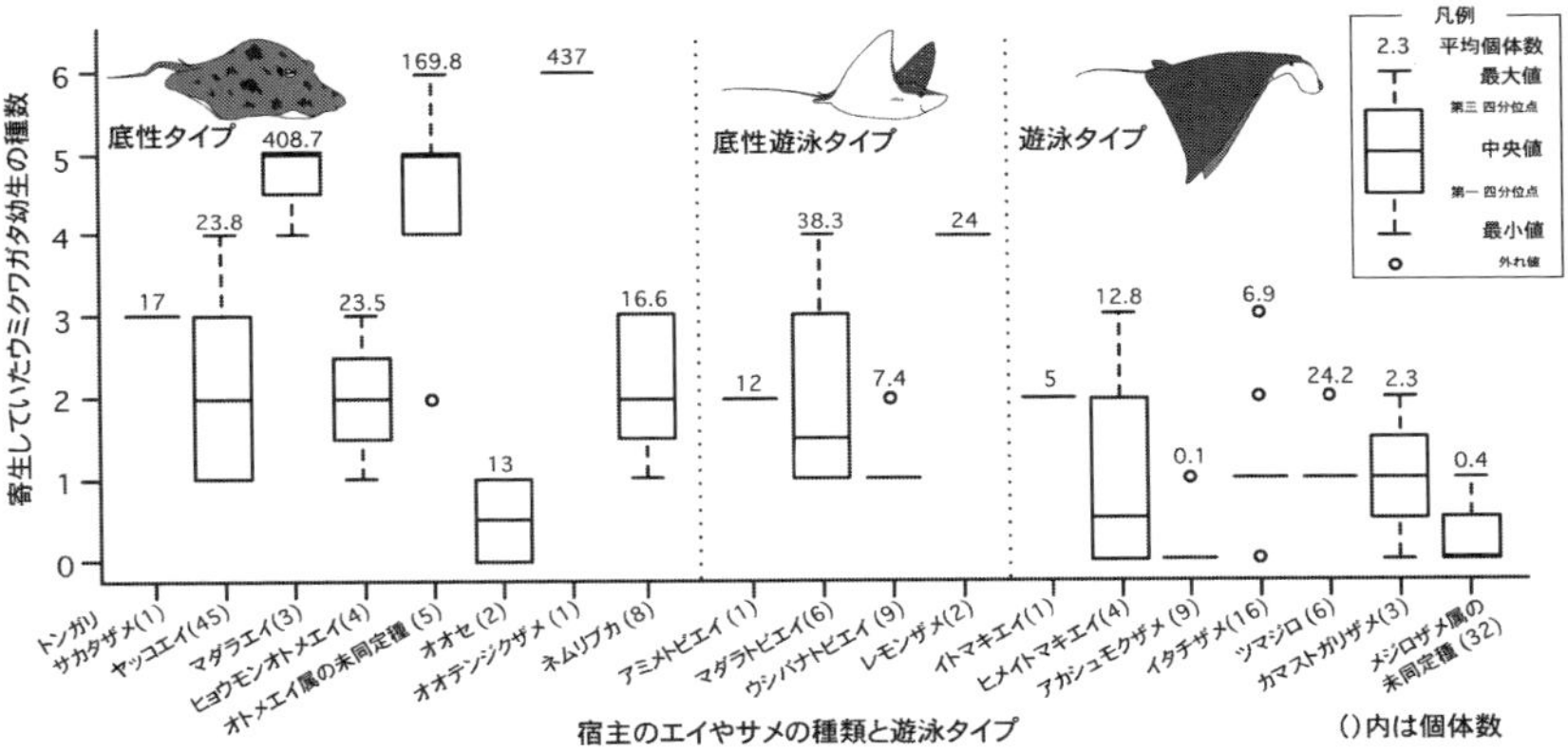

図 2·33　軟骨魚類の遊泳タイプと寄生するウミクワガタの関係
海底にいる種ほど、寄生するウミクワガタの種数や個体数が増加する傾向にあったが、例外もあった。Ota (2015) [2-28] より、一部改変・転載。

してきた。また、石垣島では、漁で魚を横取りするイタチザメを定期的に駆除していた。この駆除事業に立ち合って、何十ものサメの頭を解剖したりもした。

その結果、底生のエイ類に多くの種と数のウミクワガタ類幼生が見つかる傾向を見いだせた（図２・33）[2-29]。特にマダラエイやオトメエイ属などの、底生の大型エイ類には、最大で６種ものウミクワガタ類幼生が寄生し、その数は数百以上になることもあった。海底から離れた表層域を遊泳するようなイトマキエイ類やシュモクザメ類、メジロザメ類などには、ほとんどウミクワガタ類の幼生は寄生していないことが多かった。海底付近にじっとしている軟骨魚類に多く寄生している印象を受けた。

それでは、エイやサメに付くウミクワガタ類は、なぜ大きいのか。単に宿主が大型だからというだけか。それでは、なぜ3期幼生だけなのか。

大きくなるということは、ホンソメワケベラなどの捕食者から逃れられている可能性がある。ホンソメワケベラなどのクリーナーフィッシュは、目で寄生虫を認識し、ついばんで食べる。体が大きいウミクワガタ類幼生は、それだけで格好の餌食となる。

寄生部位はどうなのか？　実際にエイなどから得られたウミクワガタ類幼生の寄生部位は、体表面ではなく、エイの複雑な形をした鰓や口だった。それも、普段、海底にじっとしている種類に多い。また、オーストラリアでも底性のサメ類に寄生するウミクワガタ類の研究がわずかになされており、これによると、寄生する時間も、硬骨魚類に寄生する種よりも長いのだという。具体的には、硬骨魚類に寄生する場合、だいたいは数十分〜1日以内だが、その底性のサメでは、数日以上要したという[2-30]。あくまで推測に過ぎないが、こうした寄生部位の構造が、掃除共生者から見つかりにくくしているのだろう。クリーナーフィッシュなどの天敵から捕食されない、安全な餌場を見つけ、大きく成長できたと私は考えている（図2・34）。

3期幼生のみしか寄生しないことは今でも理由がわからない。少なくとも1期、2期の幼生は別の宿主に寄生しているのは間違いないが、今度は、こうした若い幼生が何に寄生しているのか、また謎が浮かんだ。

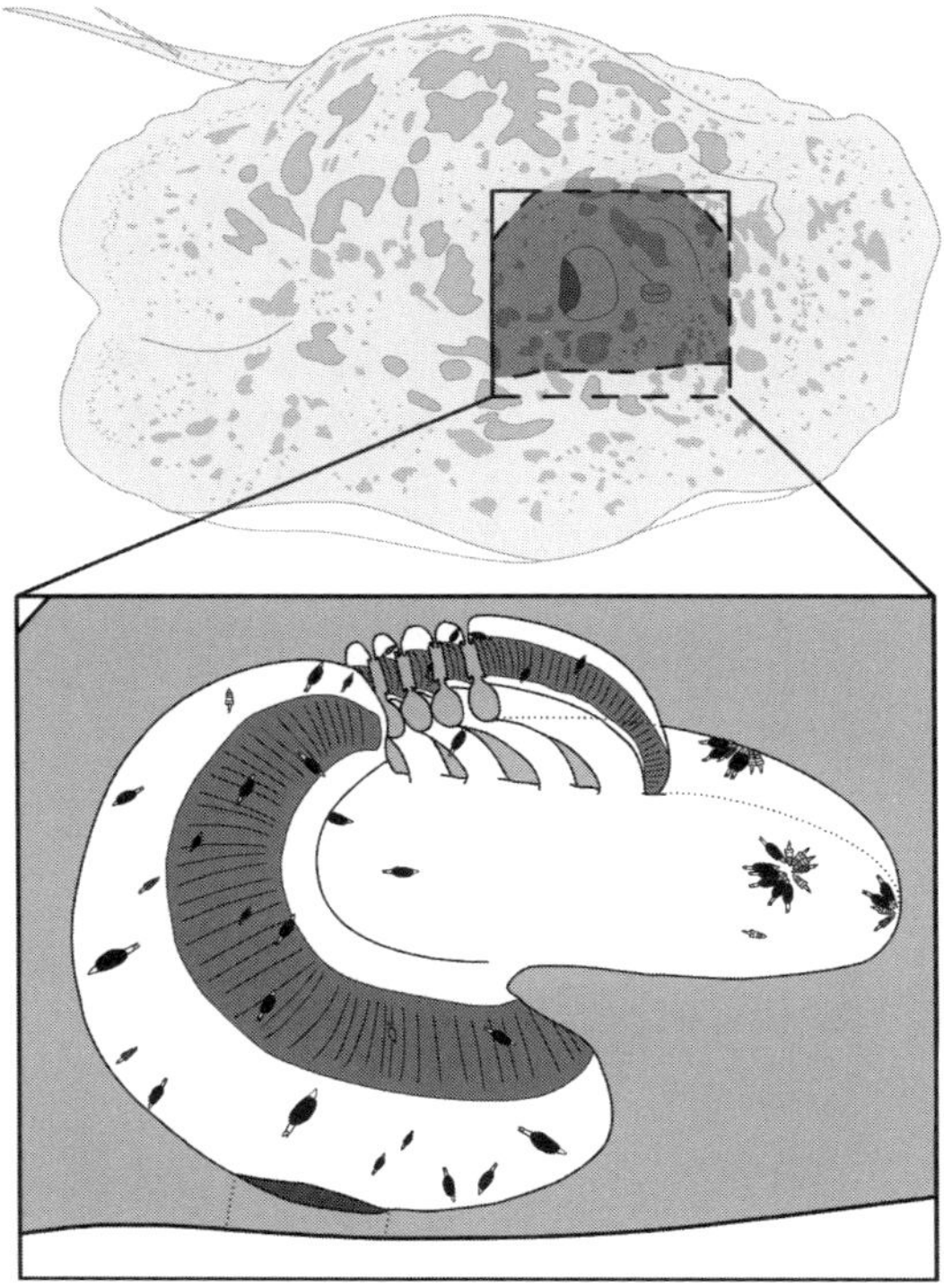

図2·34　底生エイの鰓の構造
マダラエイの鰓の構造を元に作図した。底生のエイ類は、常に底に棲み、鰓が外界よりも奥まった位置にあるので、ウミクワガタ類幼生にとって都合の良い「餌場」となっている可能性がある。Ota (2015) [2-28] より、一部改変・転載。

コラム⑨　ばらばらイルカ事件

石垣島のイタチザメ駆除事業では、餌が入ったカゴを海中に沈め、イタチザメをおびき出し、金属製のワイヤーを釣り糸として、大人の手のひらサイズもある巨大釣り針を使って釣る。

毎年サメ駆除事業は行われ、2日かけて何十ものイタチザメや、それに混じって他種のサメ類が釣り上げられる。多くは全長1.5〜2メートルほどだが、中には3メートル以上の大物もいる。3メートルを超えるイタチザメは、人にとっても脅威である。口が大きく、なんでも口に入れようとする。危険なサメと言えば、映画の『ジョーズ』でも有名なホホジロザメが思い浮かぶ人が多いだろう。しかし、ホホジロザメはむしろ稀な種である。人にとって危険なサメで、かつ個体数が多いサメの1つは明らかにイタチザメである。

たくさんのサメがクレーンで運ばれる中、とりわけ巨大なイタチザメが運ばれてきた。こいつだけなぜか異様に臭かった。美ら海水族館のスタッフが解体する。すると大人の人間が丸々入るぐらい巨大な胃袋が現れ、赤黒い肉の塊が胃袋いっぱいに詰まっていた。臭いの正体はこれだった。魚というよりも獣臭い。よく見ると、尾ヒレがあった。バラバラに噛み砕かれ未消化のイルカだった。

未消化の肉を引っ張り出してみると、頭部らしき部分が見つかった。猛烈な臭いで誰も引き取ろうとしなかった。鯨類は頭蓋骨で種類がわかるので、これを幾重にもビニール袋で包んで私のアパートに冷凍発送した。猛烈な臭いなので、人が少ない漁港脇で、半分消化された肉を取り除いていった。その後、洗濯用ネットの中に入れて、家の近くの茂みに置き、腐肉に集まる大量のハエ類やフ

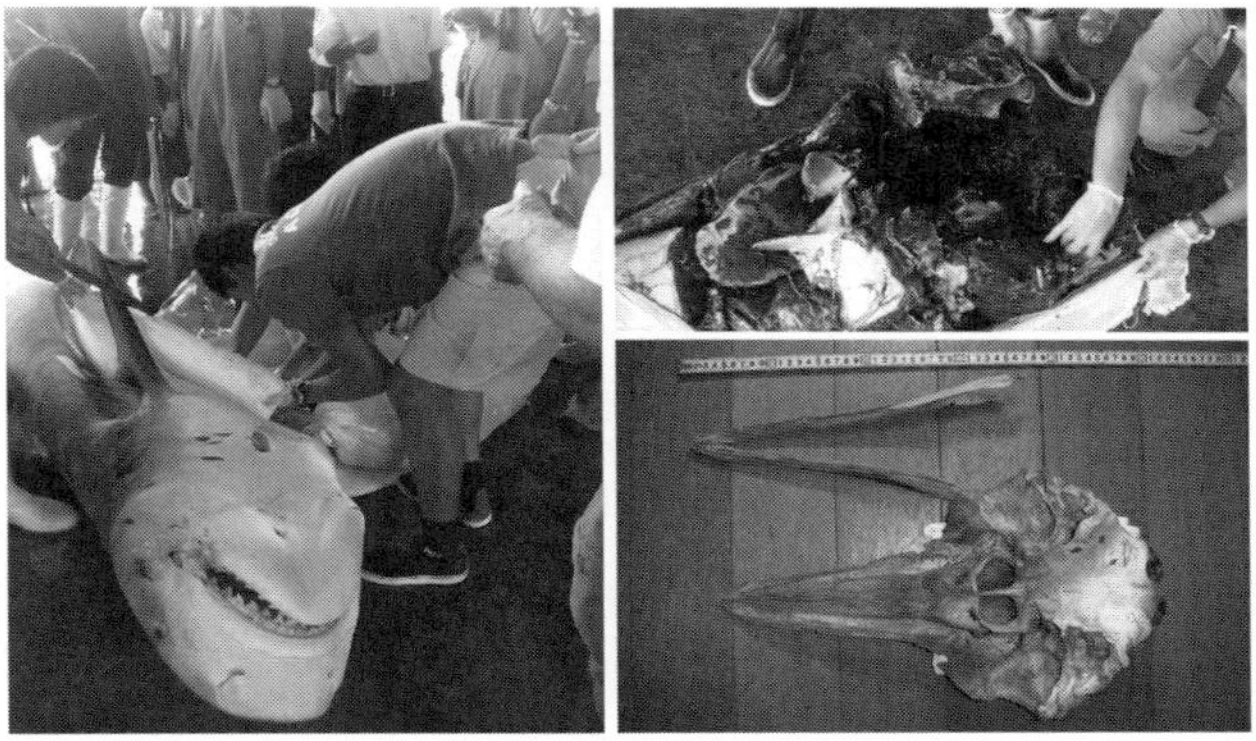

水揚げされた全長3.4mものイタチザメと、胃袋の中から出てきた、バラバラのサラワクイルカ *Lagenodelphis hosei*
イルカの歯まで消化されており、軟化していた。

チドリアツバコガネに肉を取り除いてもらった。15日でほぼ骨になった。

頭蓋骨や歯の数から種を同定する。素人の私だけでは判断しかねるので、数名の専門家からも意見を頂いたところ、サラワクイルカという種だった。

サラワクイルカは熱帯・亜熱帯域の外洋が主な棲息域と考えられている。日本での記録は数える程しかない。基本的な生態について不明な点が多く、私は簡単な報告として論文にまとめた。その過程で、捕食者の情報が一切ないことがわかり、最終的に世界初の捕食者の情報となった[2-32]。

たとえ専門外でも、貴重な標本はしっかり残し種類を判別し、簡単な報告文を書いた方が良いという教訓になった。

8　毎日30分のメールが研究

エイ・サメ類に寄生するウミクワガタ類の分類学的研究を中核として、博士論文を書き上げた。あまりにも新発見が多すぎて、広瀬先生から1年早く博士号を取得するように勧められた。論文博士として、26歳で博士号を取得できたのは良いが、その先をまったく考えていなかった。というより、考える暇もなかったし、他へ行くあてもなかった。

むしろ、もう十分だった。これだけの発見ができて、もう十分に研究をした気がした。これから就職をして、研究は趣味でやっていっても良いと思った。ウミクワガタ類の自然史研究は、そこまで大した研究設備も必要としなかったし、沖縄にいるだけでも発見が多いのだから……。

ある程度、私が持っている海洋生物の専門知識や研究技術が活かせそうで、かつ沖縄に居られるというのなら、沖縄県の水産試験場が最も手堅い。そこで、博士号取得後は、沖縄県の水産試験場（沖縄県庁の水産課）を就職先として目指すことにした。

地方公務員の一般的な試験を受けることになるので、博士号取得後は、公務員試験の勉強をすることになった。それと並行して、県の水産試験場で非常勤職員として働くことにもなった。これまで、理学の世界に身を置いていた私にとって、実学的な水産試験場の研究は、これまでにない発想を与えてくれた。その一方で、週5日、毎朝40分の車の通勤は私の日常をタイトなものにした。県職員の県民に対する献身的な姿勢や考えも垣間見られ、とても勉強になった。

社会人1年目のせわしない日々の中、伊豆大島のダイビングインストラクターの星野《ほしの》 修《おさむ》さんからメールが届いた。伊豆大島で多くのウミクワガタ類幼生が見られるのだという。

写真が毎回のように送られてきた。美しい魚の写真だった。そこにウミクワガタ類の幼生がたくさん付いている。気になったのが、エイ類によく寄生している巨大ウミクワガタ類幼生とおぼしき写真だった。

星野さんのメールはとても丁寧だった。海の状況、魚に寄生している状況など、写真付きでメールをやり取りしていた。お互い日々の業務があったので、私は夕方6時頃に帰ってきて、30分ほどメールをして終わる毎日だった。

星野さんから、あらためてウミクワガタ類の幼生を採集して頂き、標本を送って頂いた。さっそく見てみたところ、やはり、沖縄でも採集される巨大ウミクワガタの一つ、ムツボシウミクワガタ（以下ムツボシと呼ぶ）の3期ズフェア幼生だった。海底付近を泳ぎ回っているのだという。

星野さんの連絡によると、これよりひと回り小さい幼生が小型硬骨魚類のヘビギンポに付いていた。ヘビギンポに寄生している幼生は、ムツボシの幼生よりひと回り小さく、さらに大小2タイプがいた。ムツボシの3期ズフェア幼生は、泳いでいるのを見かけるだけで、ヘビギンポに付

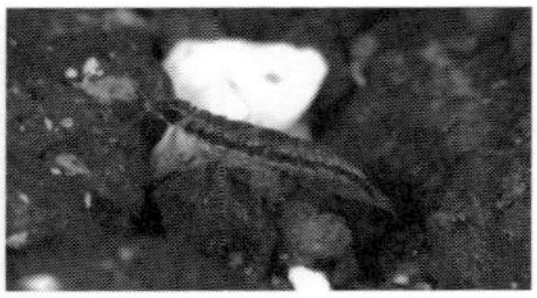

図2·35　伊豆大島のムツボシウミクワガタの幼生
写真左は、ヘビギンポの胸ビレに付いて外部寄生する、1期、2期幼生。写真上は同じ場所の海底で泳ぎ回る3期ズフェア幼生。ズフェア幼生は、吸血して胸部が膨張する前の段階の状態をいう。星野 修 撮影。Ota *et al.* (2012) [2-31] を転載。

いていることはないのだという（図2・35）。

どうもこの様子だと、ヘビギンポに付いている幼生は、ムツボシの1、2期幼生なのではないか……。そう思い、星野さんにヘビギンポから離れた幼生をしばらく観察し、脱皮した個体を送って欲しいと頼んでみた。星野さんは快く承諾して下さった。

星野さんの飼育の結果、やはりムツボシの1、2期幼生であることがわかった。これは重大な発見だった。ウミクワガタ類は単に宿主に手当たり次第吸血しているのではなかった。令期によってはっきりと宿主を分けていた。それも硬骨魚類から軟骨魚類へと。ただ素直にこの現象に驚くだけだった。なぜこのような生き方を選んだのか、進化生態学的な背景はわからない。一時寄生者のワラジムシ類がこのようにはっき

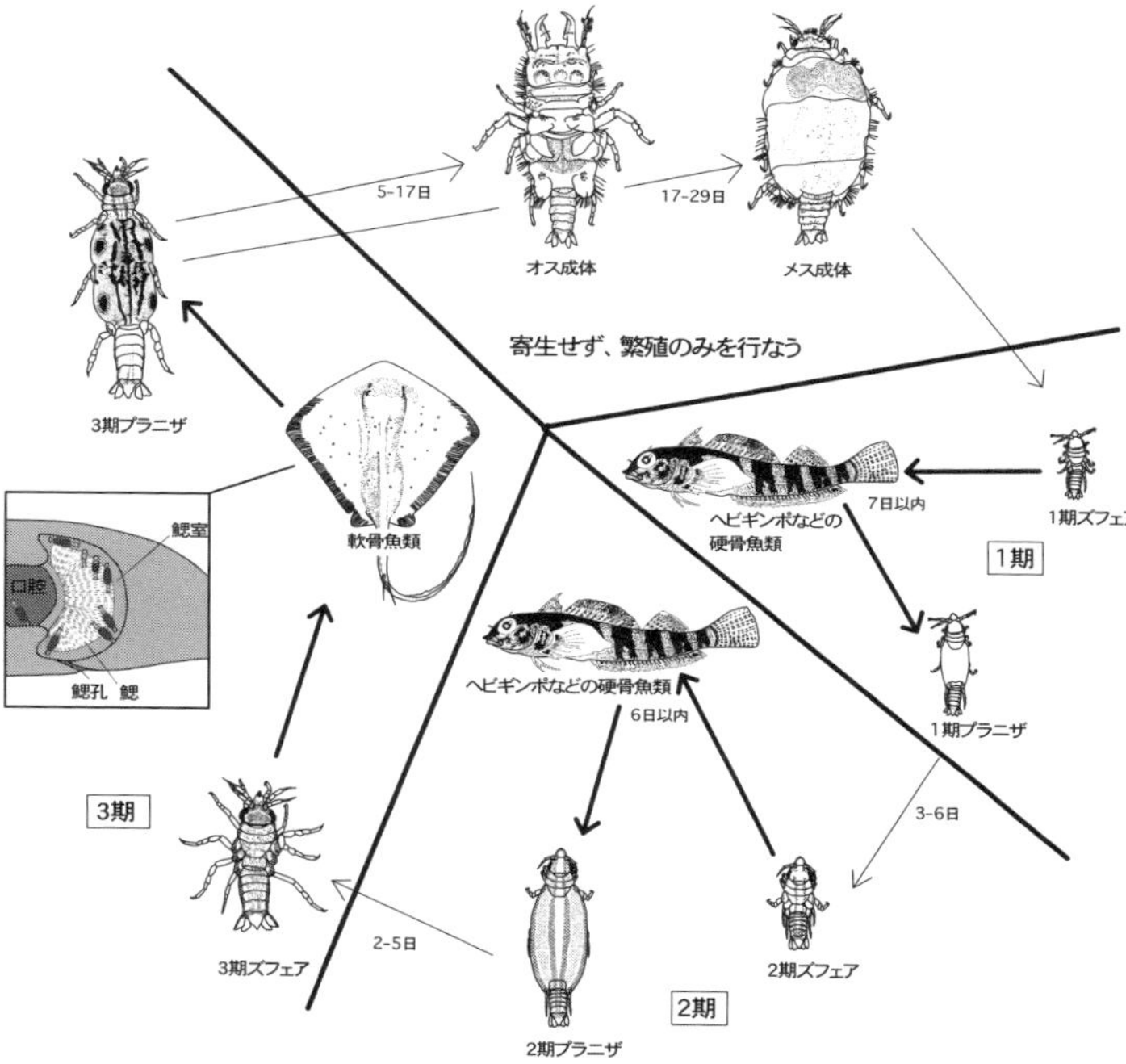

図2·36　ムツボシウミクワガタ *Gnathia trimaculata* の生活環
ムツボシに限らず、浅い海に棲息する軟骨魚類を宿主とするウミクワガタ類は、すべて3期幼生で、若い令期は硬骨魚類など、別の宿主に寄生しているようだ。Ota *et al.* (2012) [2-32] を転載、一部改変。

りと令期によって宿主を選択することは、世界で初めての報告だった（図2・36）[2-32]。

星野さんのような観察眼のあるダイバーは希有な存在だが、近年ダイバーと研究者との共同研究が増えつつある。ダイバーに限ったことではないが、ナチュラリストの中には、研究活動に関して理解が乏しく、研究者と対立してしまう人がしばしば見られる。しかし、徐々にダイバーの中からも、研究者と歩み寄っていける人が増えつつある。その一方で、こうしたダイバー事情に関して理解が深く、ダイビングが研究活動の中核となっている研究者も増えつつある。

コラム⑩　ウミクワガタの成体を知らぬ間に採る

単に珍しい海洋生物を混獲するのはわかるが、よく魚をくれた海人《うみんちゅ》の方は、信じ難いことにウミクワガタの成体をも知らぬ間に採っていた。魚に付いた幼生ではなく、自由生活の数ミリ程度の成体である。

魚が多い岩礁域に刺網を掛けるが、そこにハタ類などの根魚やイセエビ類が掛かる。離れ根はウミクワガタ類が得やすいとは述べたが、私の場合、潜って岩を見て直接選別する。しかし、海人の方が仕掛ける刺網には、こうしたウミクワガタの棲み家となる岩まで混じって掛かる。岩を洗い出してみると高確率でウミクワガタの成体が入っているのだ。

採れたウミクワガタを写真に撮って、紙に打ち出して、海人の方々や漁協に紹介したが、こんな生き物が海にいるのか、と驚かれた。海人の採集能力の方がよっぽど驚きである。

9 海のクワガタ、採集成果

ウミクワガタ類の研究を2003年頃から始めて、特に沖縄を中心に多くの種を見つけることができた。私が調査を行うまでは、日本で記録されているウミクワガタ類は20種にも満たなかったが、ドロホリウミクワガタ、ミナミシカツノウミクワガタ、これに加え、ムツボシウミクワガタなどの軟骨魚類に寄生する9種の他にも、大規模な国際合同調査によって3種を採集し記載した[2-33]。そのほとんどが、新種か日本初記録種だった。まだまだ、未発表の種も多く、手元にある名前が付いていない種を含めれば、国産ウミクワガタは50種を超える見込みである。

これだけ多く発見できたのは、沖縄の未踏のフィールド、広瀬先生のご指導、田中さんから頂いた文献や助言があったからである。また、理解のある研究者からも標本を頂いたり、星野さんのような協力者があって、たくさんの成果が得られている。運が良かったとしか言いようがない。

なお、国産の昆虫、クワガタムシは、地域亜種を含めなければ40種以下で、昆虫少年の私は、全種をすべて自力で採集したいという気持ちがある。昆虫のクワガタムシは、言わずと知れた人気昆虫だ。人気があり過ぎる故に、国内のクワガタの種は、ほぼ出尽くしている。これらをコンプリートしたい気持ちもある。

一方、国産の、正確に言えば、日本の排他的経済水域内のウミクワガタも、できれば全種、自

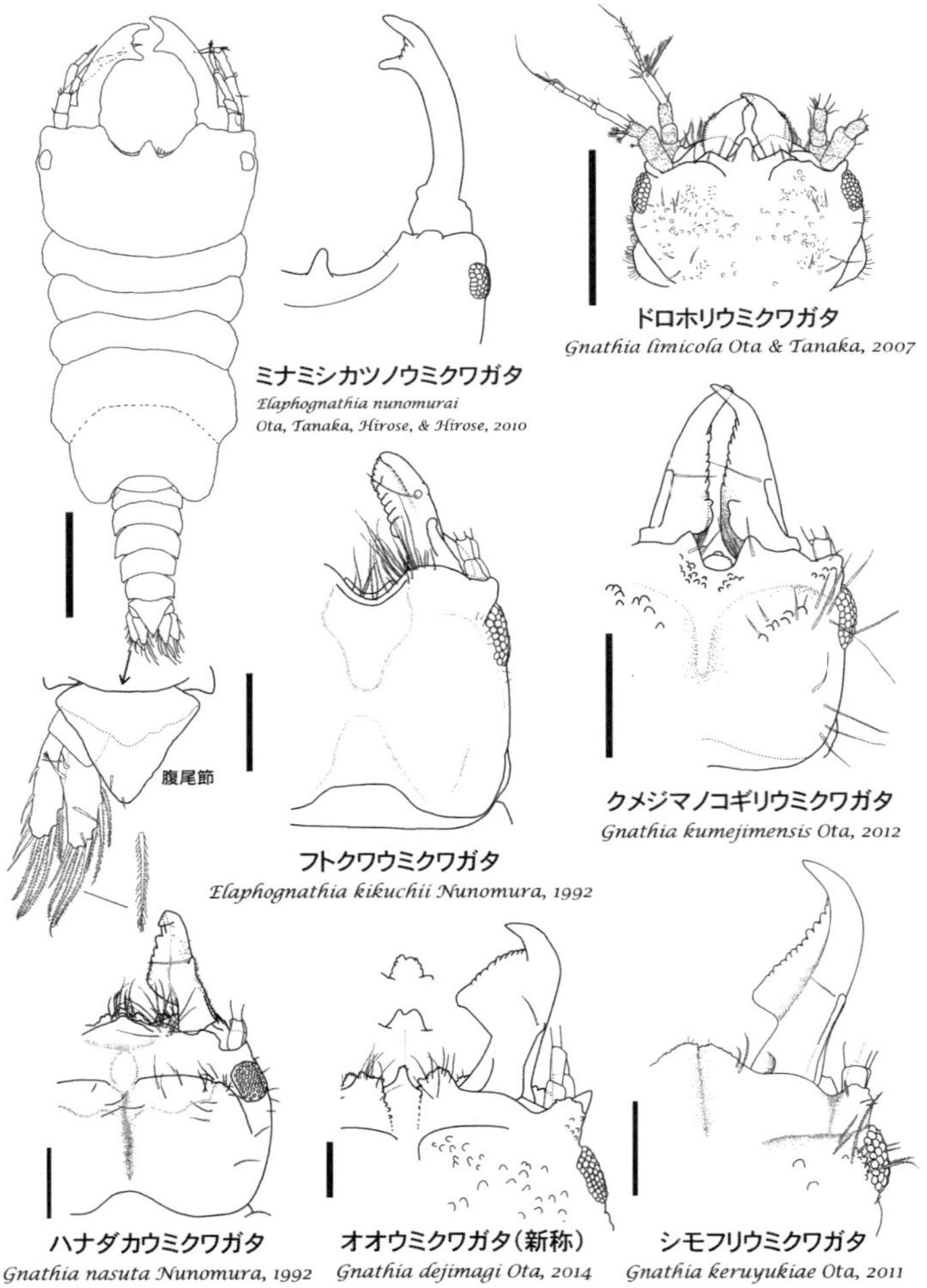

図2·37　これまで記載したウミクワガタ類のスケッチを一部抜粋
種によって大アゴや頭部、剛毛の生え方などに特徴がある。スケールは0.5 mm。

力で採集したい思いがある。いや、そもそも未知の種を見つけ、種の区別から始めなければならない。また、同じ種であるはずなのに、複数の名前が付けられ、分類が混乱している種もあり、これらを整理していく研究も行ってきた［2-34］。

ウミクワガタは、未発表の種を含めれば、昆虫のクワガタムシの種数を遥《はる》かに上回る。早くすべて記載して、国産クワガタムシの種数を追い抜いて、図鑑を作ってやりたい。コンプリートしたい。そんな気持ちを抱いている。

こうした、子供のような気持ちは、研究を続ける上でとても大切な原動力のようにも思える。どんな大アゴをもった、かっこいいウミクワガタがいるのか？　なぜでかいのか？　なぜこの魚にしか寄生しないのか？　子供が大人に質問する、単純で素朴な疑問は、面白い研究テーマだ。

膨大な種の海へ漕ぎ出す

地球に存在する生物は、数千万種とも、数億種とも言われる。いま、知られている生物の種数は200万ほどである。したがって、地球には未記載種がまだまだたくさん存在するということになる。実際に、私の調査でも、多くの新種が見つかった。これは、特段凄いことでもないのである。誰もやっていない調査法を試したり、誰もやっていない分類群を研究すれば、いくらでも新種は見つかる。

生物を知れば知るほど、探求すればするほど、いかにわかっていないかが、わかるだけなのだ。雑然とした野外の中から、個々の種を認識し、分類し、他種の生物とのかかわりを調べ、現象を紡ぎ出す。海のクワガタ採集は、膨大な種の海を漕いでいるような感覚だった。

新種を見つけることに、生物学的な意義があまりないと考える研究者は多い。特に、微小で、人の毒にも薬にもならない生物はなおさらだ。むしろ、生物学者の多くは、種の壁を越えた、生命の営みを説明し得るルールを探求する。しかし、よく考えてみて欲しい。多く見積もっても1割の種しかわかっていない生物を扱っただけで、生命の営みを説明できるだろうか？

だが、研究者も生身の人間で、働いて収入を得ながら研究活動を行っている。何でも構わずわかっていないことを研究していれば良いわけではなく、生物学に大きく寄与するインパクトのある研究を行わなければ、食べていけないし、家族を養えない。そう考える研究者のほうが圧倒的に多い。

必然的に、生物学的に面白そうだとわかっている生物や、人の毒や薬になる生物ほどよく研究がなされる。そうでもない生物は、見過ごされがちなのだ。

次章では、働いて社会生活を営みながら、こうした見過ごされた生物をいかに研究してゆくのか、私の体験を追って、記してゆきたい。

3章　見過ごされた動物を研究する

学会発表にて
（齋藤暢宏撮影）

大学に居続けるのが怖い

博士号取得前後、私は悩んでいた。

マイナーな海洋生物の自然史研究は、就職には繋がらない。今の時代、就職をすれば、大学の教員と言えど、いかなる組織においても、研究活動は二の次なのだ。どんなに生物学的に大きな発見をしても、誰も給料を払ってくれる訳ではない。研究は、むしろお金と多大な時間を割いてまでやらなければならない。それでは、私のような生物学者は、いったい何なのだろう。研究って一体なんだ。結局仕事は仕事で割り切って、研究は道楽なのか。まったく理解ができなかった。

昆虫学の世界では、研究者でなくても趣味で昆虫研究を行う人が多く、こうした人たちによる自然史に関する論文によって、昆虫学の礎が構築されていた。魚類学や貝類学の世界も、こうした在野研究者による貢献がある。生き物に魅力があるからだ。慈しむ心があるからだ。では、ウミクワガタ類をはじめとする、多くのマイナーな海産無脊椎動物は、研究者だけで完結してしまうのだろうか……。

研究者によっては、マイナーな無脊椎動物を完全に研究対象として割り切っており、その証拠にまったく和名を付けない人もいる。和名を付けても、研究者の間だけでしか通用しないので、学名だけで十分だと……。もちろん研究者によってその姿勢は様々であるし、扱う動物の伝統もある。しかし、頑なにそのような姿勢をとるのなら、私にはそれが研究者の驕《おご》りに見えてしまう。

その線引き自体、研究者だけを囲む行為で、どこかで専門外の人とギャップを生み出している。人の毒にも薬にもならない自然史研究を支えている建物は、顕微鏡は、サンプル瓶は、タダなのか。いや……すべて税金だ。その税金を誰が払っているのか。論文を発表することで、それで十分か？

ムツボシウミクワガタの生活史の論文を星野さんに渡したが、もちろん読んで貰《もら》えるわけではない。専門用語満載の英語で書かれているからだ。このまま大学に籠《こも》って研究を続けていって、社会との関わりを、どうやって見いだしてゆけばいいのか。

そう考えると、大学に居続けることが、怖くなった。

博士号を取った後、研究者としての人生を歩むことになる。論文を書いて、書いて、書きまくり、壮絶な競争を勝ち抜かなければならない。そして、ようやく大学の職員になれる。なって、好きな研究をやって、講義をして……。そんな人生が、私にとって幸せか？　重大な何かから目を背けていないか？　このような心のわだかまりが、すこしずつ膨らんでいった。

良き社会人って何だ？

そのような悶々《もんもん》とした日々を送っていたが、その頃、広島大学で水産増殖学を教えている長澤《ながさわ》和也《かずや》先生が、頻繁に沖縄に調査に来られていた。長澤先生は、サケの専門家であるが、その一方で魚介類に寄生する動物の専門家でもある。寄生性ワラジムシ類を含む、水族寄生虫について紹介した本をいくつも出版されていた。

印象的だったのが、専門家が書く出版物であるのにも関わらず、きわめてわかり易い文体で書かれていることだった[3-1]。そして、「優秀な研究者ほど、社会人としても優秀だ」という一文が私の脳裏に焼き付いて離れなかった。いみじくも、この言葉は、私の周囲で同調して言われていることだった。

私は、ウミクワガタ類の研究を始めても、昆虫採集は時間が許す限り、続けていった。研究活動の息抜きとしてちょうどよかった。昆虫採集の趣味仲間の一人で親しかった松村雅史《まつむらまさふみ》さんにも、「良い虫屋になる前に、良い社会人にならなければアカン」と言われていた。

……良き社会人って何だ？

コラム⑪　昆虫採集の恩恵

研究活動は、いかなる分野でも、デスクワークが多くなる。多くの文献を読んだり、論文を書くことに時間を要する。私は、海の甲殻類であるウミクワガタ類の研究を始めても、昆虫採集はやめなかった。研究のことを忘れ、自然の中で体を動かすこと自体、純粋に楽しいことだった。また、これを通じて知り合う愛好家の方々は、年齢も職業も様々だった。昆虫以外のことでも、社会のことや人生のことについて、本当に多くのことを学んできた。
生物学者であり続けることの一方で、私はつくづく思う。昆虫採集をやめなくて良かったなと。この趣味を続けてゆくことで、多くの職業の人と出会い、研究以外の多くの価値観を垣間見る機会が得られた。昆虫学者との分野横断的な繋がりも増えた。

そして、なにより、自然を楽しむ心の余裕が失われずに済んでいる。

生物学の研究をすると、それが仕事（＝メシのタネ）になるわけなので、生き物を、研究対象として割り切らないとやっていけないことが往々にしてある。その結果、自然を楽しむ心の余裕が失われやすい。そういう意味では、生物学者であり続けることは、もともと生物が好きな人には、あまり向いていないのかもしれない。実際に生き物が好きな生物学者はむしろ少数派なのではないか。

足掛け3年の公務員試験

博士号を取得して1年が経とうとしていた。良き社会人。これを胸に、公務員試験に臨むつもりでいた。しかし、思わぬことが起こった。日本学術振興会（学振）の特別研究員の採用通知が来たのだ。

学振の特別研究員は、博士課程や博士号所得後に、給料と研究費が支給される制度だ。大学院生の時に三度も応募していたが、いずれも不採用だった。特に博士号取得後の特別研究員（PD）は狭き門で、応募はしたものの、あまりアテにしていなかった。学振の特別研究員（PD）の受け入れ先は、長澤先生の研究室だった。これを受け入れることは、沖縄を離れ、広島大で研究するために東広島市に移り住むことだった。

沖縄県の水産試験場の仕事は1年しか任期がなかった。学振の特別研究員（PD）は応募した研究を自由にできる。迷う余地もなく学振の研究員になった。それでも複雑な心境だった。やはり大学に居続けたくない。県職員に就職しよう。その気持ちは変わらなかった。

後ろ髪を引かれるような思いで沖縄を後にする。また戻ってこよう。次は社会人として。ところが、世の中は甘くはなかった。沖縄県の水産課は、その年は、募集が無かったのだ。とてもがっかりしながら、静岡県の水産課を受験した。もちろん、通るはずもなかった。

翌年、ようやく、沖縄県の水産課の募集があった。勉強もしっかりやっていたので、2位で一次試験を通過した。募集人数も2名だ。絶対通る。面接も終わり、結果発表を待った。結果発表の日、私の受験番号が書かれているのを、当然のように眺めていた。

が、それは夢だった。朝起きて、県のホームページで番号を恐る恐る確認してみた……。

……無い。無かった。受験番号が無かった。

29歳。年齢制限の最後までやって、足掛け3年の公務員試験に敗北した。

これからどうすれば良いんだ……。満身創痍の私は、長澤先生に報告する。落ち込みに落ち込んだ私には、長澤先生の慰めの言葉も耳に入らない。

「……太田君。塞翁《さい》が馬」

長澤和也先生

大学の校風を知る

公務員試験の受験勉強と同時並行で、学振の研究もしなくてはいけない。まったく慣れない東広島市は、沖縄と違ってとても寒く、冷たい。琉大時代のように、胸躍る研究とはほど遠いものだった。瀬戸内の海も冷たく、生き物も沖縄と比べると多様ではなく、潜る気さえしなかった。そもそも気軽に潜れない。

周辺の自然環境だけでなく、広島大の学生も琉球大とはまったく様子が違う。地方の国立大学は、その県民性や土地柄、伝統がよく反映されている。

琉球大は、おおらか、自由、南国的な校風だった。特に私が所属していた海洋自然科学科には、その気風に同調した学生が、全国から集まってくる。他の地方国立大と比べて大分特殊だったことに気付かされる。

広島大学は旧高等師範学校だ。師範学校は、学校教員を養成することが目的である。「東の筑波、西の広島」と称され、筑波大学と共に、学校教員を目指すための東西の双璧だった。

私が特別研究員として所属していた生物圏科学研究科は、理学というよりも、農学分野、つまり人の役に立つかどうかに重きを置いている。長澤先生の研究室は水産学、他にも畜産学、チョコレートの研究室もあった。学校教員養成の伝統が根付いているのか、学生は模範的な人生を送る。世間的に優秀な学生ばかりだった。

就職をして普通の人生を歩むのすら困難な時代。広島大の学生は本当に優秀だった。充実した大学生活を送り、やがて大手の会社や学校、地方自治体などに卒なく就職する。優秀としか言いようがない。

一方で、研究の世界へ向かう学生は粒ぞろいだった。しかし、農学分野なので、自然史研究を軸足とする私とは、話が合うはずもなかった。居場所を見いだすことが、難しかった。

広島大に来て、公務員試験にも失敗し、優秀な学生を前に、私に何の価値があるのか。

沖縄時代に溜め込んだ膨大な新知見を、論文として出版してゆかなければならない。独りで細々と研究する日が多かった。

心の脱皮

特別研究員の任期は3年。1年目、2年目は公務員試験にも労力を投資していたので、研究活動に余裕がなかった。最後の1年は、研究員のテーマ以上に多くの研究に着手した。まったく同調できない環境の中、飼育実験と論文執筆。心が折れるのは時間の問題だった。

真夏の、ある朝、目覚める。熱はない。どこも痛くもない。しかし、体が動かない。起き上がることができない。あまりの事態に、ベッドで横たわりながら、スマートフォンで体の不調を調べてみる。「中程度のうつ状態」とあった。これはいけない。すぐに大学のメンタルヘルスに連絡し、薬を処方された。その後、長澤先生にも報告する。1年以上後にわかったが、「中程度」ではなかった。反復性大うつ病だった。

うつ病など、今では何も珍しくない。多くの研究者だけでなく、本当に多くの人が、人生のどこかの段階で心が折れ、再び復帰する。一つの挫折と言ってもよい。私は、その日の朝が、まさにその瞬間だった。

理学に軸足を置いてきた私にとって、これは一つの転換期だった。人の心や精神は、客観的に把握しづらいので、科学では重要視されにくい。実際は、心や精神は、物質と切っても切れないもので、明らかに肉体に作用する。それは紛れもない事実だった。

うつ病によって、人は自らの限界を知る。うつ病は心のブレーキでもあった。同時に、人の心について深く考えるようになる。人生におけるきわめて重要なイベントのように思う。

それ以来、実験や研究時間を見直して、大きく仕事量を減らした。また、10月に入り、長澤研究室に新しく3年生が入ってきた。とてもよくしゃべる元気な3年生だ。

仕事量を減らした分、周囲を見渡す余裕が生まれた。3年生の面倒をみる。研究のノウハウを教える。よくしゃべるようになった。居場所を見いだせなかった広島大に、長澤研に、少しずつ居場所を見いだせる気がしてきた。

水族寄生虫学者

日本全国、プロ・アマ問わず、学会や本、インターネット、昆虫採集などを通じて私は多くの動物学者を見てきた。一般の人間と比べて、学者は普通の人生を送らない。

生物学者は、本来は就職して働く20代前半から後半にかけて、多くの時間を研究に費やし、専門知識を蓄積し、研究成果を出してゆく。かといって、こうした専門知識が活かせる職業に就けるわけではない。だいたいは研究を辞め、就職をするか、あるいは博士号取得後も研究業績を上げ、大学などの研究職に就けるまで待つ。かなりリスクを伴う道程である。幸か不幸かは別として、家庭を築けなかったり、定年になるまで定職に就けないという人も多い。

私の専門分野の周囲では、長澤先生は異彩を放っていた。長澤先生の研究人生は、本である程度知っていたが、ご本人と話していると、およそ合理的な考え方ではたどり着けない境地に至っていることがわかった。

30年以上も前、昭和の末、長澤先生は東京大学の博士号を取得しながらも、北海道の水産部に就職し、水産試験場の現場で働く道を選んだ。大学の教員の道が無いことを知っていたのだった。昔と比べて、今では博士号所得者は多く、公務員になる博士も多い。しかし、当時としては異例の選択だった。

長澤先生は、魚類の寄生虫研究をやめることを肚《はら》に決め、北海道に移り住むことを選択した。北海道の最初の赴任先である釧路の研究所には、木でできた机だけがあったという。赴任してすぐに、サケの資源調査をするために40日間の航海へ出向いた。

しかし、長澤先生は、寄生虫研究をやめなかった。周囲、いや、日本ですらほとんど誰もやらない魚の寄生虫研究を、なぜやめなかったのだろうか。長澤先生と同じ研究室だった方は何名もいらした。ある人は研究をやめて国家公務員となり、ある人はその道で大学教員となった。今、私の目の前には、広島大学の教授として立っている長澤先生がいる。しかし、それは寄生虫学者ではなく、サケの研究者としての教授の姿だった。私の理解を遥《はる》かに逸脱した存在だった。

「なぜ寄生虫の研究をするのか?」

「なぜ続けて来られたのか?」

失礼を承知で、長澤先生には屈託なく質問を投げかけた。学振の研究員の任期が終われば、先生とじっくり話す機会も無くなる。忙しい合間を縫って、昼食やすこし時間が空いた時……。

今では、長澤先生をはじめとする先達のおかげで、寄生虫は、畏れられると共に、ユニークな動物であることが認識され始めてきている。しかしその実態は、多くは蠕虫《ぜんちゅう》状の虫で、つかみどころがない。それは、多様な造形をつくり出す昆虫や魚、貝などとはほど遠い。生き方だって、他の生物の養分を奪い取る者だ。見れば嫌悪感を抱く方が普通である。だいたい、周囲に賛同してくれる研究者や理解者が少ない。人間の心の琴線に触れることなど無いに等しい、見過ごされた動物だ。なぜ、見過ごされた動物を研究し続けられるのか？

見過ごされた動物を研究する

長澤先生が寄生虫研究をやめようとした気持ちとは裏腹に、北海道に赴任してすぐに、目の前には大量の魚とともに、そこに付いている寄生虫がいた。

サケの調査など、与えられた仕事をこなしてゆくが、やはり寄生虫は気になる。仕事が終わり、皆が帰る頃に、長澤先生は独り寄生虫を調べていた。サケの資源調査は誰でもできる。しかし、寄生虫を調べることは、大学で寄生虫を研究してきた長澤先生にしかできなかった。そして、こういうわけのわからない動物こそ、必ず面白い現象が眠っている。宝にしか見えなかったのだ。だからと言って、寄生虫の研究ばかりしていても、周囲から仕事していないと思われ、白い目で見られる。そこで与えられた以上に仕事をし、サケの研究も論文化して、そして初めて寄生虫の研究もできる。二足のわらじだ。

長澤先生は、サケの研究で国の研究所に抜擢され、サケの研究者として大学の教員となった。一方で、仕事の節目節目で様々な水生動物やそれらを扱う研究者と出会う。サケの研究の一方で、多くの人たちの力添えで、寄生虫の研究を続けてこられた。大学に移られ、水産増殖の研究の一環として、寄生虫の研究をそれまで以上にできるようになった。何が役に立つかわからない。
真理は得てして逆説的である。与えられた仕事を、好きでなくても存分にやる。すると、周囲にも認められるようになり、好きなことも気持ちよくできるようになる。与えられた仕事をこなすことで、新たな世界が見えてきたり、専門分野が増える。組織の中で鍛えられ、社会人としての人間性が研磨されてゆく。

コラム⑫　20代後半から、自分の専門を決めてはならない

今では、多くの博士号取得者が、20代後半に学位を取得する時代となっている。20代後半と言えば、普通（最近は必ずしも普通ではないが）なら、就職してある程度仕事が板につく頃だろう。それと同時に、家庭を築き始める頃でもある。

至極当然だが、仕事は対価を得ることであり、その時々の需要があって成り立つものである。就職してある程度仕事が板についても、また新しい仕事が舞い込んでくる。部署が変われば、それまでの経験が役に立たないことはザラだ。もちろん、ここで転職することもあり得るが、家庭事情などを考え、その組織で働く選択をすることも多い。

博士号取得者が就職できない理由の一つは、この考えの欠如かもしれない。専門性が高すぎて、

まったく異なる分野に対して挑戦的ではない。たしかに、博士課程では多くの時間を研究活動に割き、何年もかけて専門知識や業績を積み重ねてゆくことは重要だ。専門にこだわる気持ちもわかる。しかし、それでも年齢的に若い。視野をもっと広げても良いのではないか。そもそも、このような線引き自体、若いうちに引いてしまうことで、自らの可能性を摘んでしまっているのではないだろうか。

長澤先生は言う。

「北海道の水産試験場に就職したことが、人生において最良の選択だった」

見過ごされた動物を研究し続けるということは、常に頭の片隅に入れておき、やれるタイミングがあればやる。誰かに言われて、周囲に同調してやるのではない。それこそが見過ごされた動物の研究者の理想像ではないのか……。

したがって、見過ごされた動物を研究する者とは、和して同ぜず。その先々で組織の人間となり、研究を断続的にでも続けられる人となる。これはもはや職業ではない。お金をもらってやるのではない。一つの生き方だったのだ。

心に正直な選択

私の話に戻そう。

２０１３年の晩秋、学振の特別研究員の任期が終わりつつある頃、二つの募集案内があった。一つは知り合いから紹介された、水産試験場の任期付の博士研究員で、週５日働き、手取り月30万円を超える。もう一つは、とある博物館の任期付の非常勤嘱託員で、月16日で手取り約10万円だった。

私は、迷わず後者を選んだ。広島大で、水産系とはまったく合わないことがよくわかったからだ。そして、博物館は自然史研究をする上で最も良いとされる一方で、研究成果を一般の人にわかりやすく公開する場でもある。私の考えにうまく合致しており、気にはなっていたがそれまで縁がなかった。

その博物館は、滋賀県立琵琶湖博物館（琵琶博）だった。全国的にも有数の規模で、淡水の水族館も併設され、優秀な学芸員も多い、有名な博物館だ。月16日しか勤務できないのなら、その分自由である。かねてより気になっていた博物館の世界を見て、生活費が無くなったら、別の実入りの良い職に就こうと思った。

年末にハローワークに駆け込み、琵琶博への応募書類を書き、翌年すぐに滋賀へ記述試験と面接に行った。面接したその日、琵琶博を見てまわった。琵琶博の展示を見ている時にすぐに採用の電話を頂く。後に博物館職員からは、こんな博士号持ちの方に、非常勤嘱託員なんかやらせて申し訳ないと言われた。

琵琶博は、当然、琵琶湖とその周辺の自然史を研究・展示する所だ。海洋生物の研究などできない。だって、海が無いんだもの。けれども、まったく自分の知らない世界に入り込むことは、それだけ新しい人や異なる分野に触れる機会でもあるので、新たな世界に足を踏み入れる気持ちにもなる。

お金を払って仕事をする

琵琶博には、私と年が近い職員も多く、徐々に打ち解けた。また、外国人の学芸員もいて、カナダ出身のマーク・J・グライガーさんは、私のようなマイナーな寄生性甲殻類の研究者であった。研究の話もよくしてくれ、論文の英語も診てくれた。

琵琶博は、もちろん自然史が好きな職員が多かったが、歴史や民族などの人文系の職員もいて、博物館の運営をするために、まったく異なった分野の人たちと一緒に働くことになった。

多くの実験室があり、休みや仕事終わりに、研究活動も続けた。無報酬だが、特別研究員の制度があり、これにも籍を置くことで、館内にある実験機器を使えるようになった。同時に琵琶湖に関わる研究もする必要が生じたので、淡水生ワラジムシ類のエビノコバンの調査を始めるようになった。

研究セミナーやイベントには、できるだけ参加して、博物館の裏側をつぶさに観察してみた。昼休み中に色々な学芸員と話し、それだけでなく、展示交流員や、友の会のような一般の方々、事務の人たちともよく話すように心がけた。

月10万円ほどしか貰えないため、一人暮らしでもとても食べていけなかった。けれども兼職はしなかった。学振時代の貯金を切り崩し、なるべく博物館の世界を見て、残りは研究活動に勤しむ方針にした。月の生活費と給料を差し引くと、2年ほどで貯金が底をつく計算となった。約2年間、毎月お金を払って、博物館で仕事をし、研究をし、将来の糧とする。こういう発想だった。

迷走の学振時代より遥《はる》かに速く研究活動が進み、1年で論文も5、6本出版できた。研究ばかりでなく、趣味の昆虫採集を活かして、観察会の講師もした。半年ほど経って、むしろ心に余裕ができた。もう、悩みは消えていた。

コラム⑬　見過ごされた動物

本章では、見過ごされた動物という言葉を何度も用いている。おおよそ「一般的にも、生物学的にも認識されていない分類群」をさす。

その多くは人目につかないほど小さな動物である。生物学や産業に重要な貢献をもたらしそうな分類群は、当然小さくてもよく研究される。しかし、存在すら認識されていない分類群の方が圧倒的に多い。生物学的に大きな発見がありそうだとか、人類に寄与するだとか、こうしたことは、種の認識がなされ、科学の土台に乗り、ある程度研究が進んでからの話である。

よく言われるのが、「こんなマニアックな動物を研究したってしょうがない」ということだ。私自身も、研究を始める前はこうした思いがあり、誰も研究しないようなマイナーな動物からは、どこか目を逸らしていた。しかし、極端に言えば、ノーベル賞受賞級の研究でさえも、もともとはこうした見過ごされたことから芽が出て、発展し、数多の波及効果があって初めて評価される。人に役に立つだとか、生物学的に大きな発見というのは、始める前から考えることではない。評価は狙うものではなく、後からついてくるものだから。

就職

琵琶湖博物館は2年後にリニューアルを控えていた。その前後に、学芸員の多くが定年退職する。貯金が底をつく前に、博物館の採用試験に合格できれば、と淡い期待を抱いていた。しかし、琵琶博も県の施設で、学芸員は県の職員だ。県は公益・公平性の原則の下に職員を採用する。基本的に縁故採用はない。沖縄県の水産課の経験から、こういうことはアテにしてはいけなかった。気楽に構えよう。

そんな日々を送っているなか、鳥取県立博物館の学芸員募集が舞い込んできた。海洋生物の学芸員だった。それまでも学芸員の公募は学芸員資格がないと応募すらできず、応募しても落選していたので、あまり期待せずに応募書類を提出したら、面接に呼ばれることになった。せっかくなので、気兼ねなく、自分の素のままで、面接を受けた。2週間後、淡い期待を胸に鳥取県のホームページを見る。

あっ……。俺の受験番号が……ある。

先の見えないポスドク生活の、終わりが見えた瞬間だった。学芸員の内定が決まった。速やかに上司にその旨を伝え、今年度で退職する段取りを始めた。

琵琶博時代には、3つの中期プランを考えていた。プランAは琵琶博にそのまま就職する場合、プランBは、琵琶博に就職せず、貯金が尽きて他の仕事に就く場合、プランCは、今回のような幸運な場合だった。それにしても、採用する側は、私のような見過ごされた動物を研究する人を、なぜ採ったのだろう。

研究活動で知り合った知人の結婚式の時、偶然隣になった指導教官の教授とお話しする機会があった。その先生が仰るには、博士号を取得した際の研究と専門性は、あくまで基礎に過ぎないのだという。むしろ重要視されるのは＋αの部分である。＋αは人それぞれだが、少なくとも組織が採用するための最低条件がある。それは、専門技術や知識の多さ（＝業績の多さ）だけではない。最も重要なのは、専門の合致ではあるが、それだけではあまりにも競争者が多くて不十分だ。

むしろ、専門的な知識を新たに得るための探求力、大きな事業を行う際に人と人を繋ぐ腹を割ったコミュニケーション能力、他人の背景や心を視る多面的視点を持つことが大事だ。後者の二つは、いずれも大学の博士課程では身に付けにくく、社会人になってようやく学び得る。だが、それも一つの機会に過ぎず、気がつかない人はいつになっても気がつかない。下手をすれば一生である。

広島時代に長澤先生と対話を続けてきて、いつの間にかこうした姿勢を身につけていたのだろうか。そこに専門性と私の＋αが加わって、鳥取県博が欲しい人材にうまく合致したように感じた。

多くの研究者は、論文をたくさん書けば就職できると考える。一部の大学や研究所では、それでも通用するかもしれない。しかし、私のような見過ごされた動物の研究者にとっては、不十分なのである。専門の研究だけでなく、組織の人としてどのように専門性を活かしてゆくか、立場の異なる人たちと、どう協働してゆけるかが重要なのだ。

いくら知識が多く、研究能力が高くても、個人の力には限界がある。大学で長い時間をかけて、専門的な知識を得て、研究をし、専門的な技術を学んだとしても、それだけでは社会の中で専門的な活動を続けるのには不十分である。なぜならば、社会的な要請があまりにも広範で多岐にわたるからである。

また、勤め始めてしまうと、自由な時間そのものが少なくなる。年齢を経るごとに、結婚などのプライベート面のイベントも多くなる。個人で研究能力を高める時間は必然的に無くなってゆく。その時期に至ると、むしろ、異分野との「協働力」が重要となってくる。

ここで言う協働力とは、突き詰めて言えば、異なる価値観を受け入れ、お互いの利益になる道を探ることである。それは誰でもできる業ではなく、高いコミュニケーション能力を必要とする。トライ&エラーを繰り返し、培ってゆくしかない。しかし、これがあると、社会的活動の幅は段違いに広がってゆく。

コラム⑭　ぬいぐるみで橋渡し

最近は、研究者自らが一般の方に直接、自身の研究について話すことが増え、大学や研究所でも主体的にそういう機会を斡《あっ》旋している。サイエンスカフェはその好例だろう。

私は学生時代から、遊びでぬいぐるみを作ってみては、周囲の人たちに見せたり、贈答したりしていた。これで職を得ようとさえも考えていたぐらいだ。ウミクワガタの研究をはじめ、それが軌道に乗ってきた頃、全長40センチほどのウミクワガタのぬいぐるみを作った。学会発表などに持って行ったりもしたが、別分野の研究者よりも、一般の方々に評判が良かった気がする。

自作したウミクワガタのぬいぐるみ
下にはマダラトビエイなどのぬいぐるみが置いてある。太田（2015）より転載［3-2］

見過ごされた動物は、分類や形などを一般の方にうまく説明するのが困難で、これに苦心する研究者は多いのではないだろうか。

ウミクワガタも例にもれず、体も小さいので顕微鏡でないと体の構造がわからない。ウミクワガタのぬいぐるみを使うと、「ここがエビの尻尾に当たるところで、ここが大アゴ……」と、一般の方に説明しやすい。

博物館に勤めていると、来館者の大多数は親子連れで、子供は小学校低学年以下の場合がほとんどであることに気づく。こうした年齢層の子供の記憶は、大人になっても強い影響を及ぼす。普及啓蒙したいモノをそのまま伝えても、研究者にとっては何でもないことでも、一般の方々や子供には非常に難解だったりする。一部の熱心で内なる闘志を秘めている子供を除く、大多数の子供には、もっと咀嚼して伝えることが大事だと思う。ぬいぐるみは、その橋渡しとしてうまく機能してくれるかと思っている。その子供が、もう少し成長して、「そういえば、そんな変な生き物いたかな、もう少し調べてみよう」と、次のステップになる。

謝辞

末筆ながら、新潟大学の酒泉満先生に、本書を執筆する機会を頂き、原稿に目を通して頂きました。心より感謝申し上げます。また、甲殻類の図の多くは『節足動物の多様性と系統』（石川良輔編集、２００８、裳華房）で、川島逸郎氏によって作図されたものを転写・一部改訂しました。本書を執筆するにあたり、琉球大学の広瀬裕一先生、東海大学の田中克彦先生、広島大学の長澤和也先生に原稿を見て頂きました。感謝申し上げます。

図や写真を使用するにあたって、岡西政典さん、吉田隆太さん、室健太郎さん、佐脇公平さん、齋藤暢宏さん、井上朋子さん、田中隼人さんにご協力・ご提供頂きました。

本書で記された方々以外にも、漁協の方々、広瀬先生の研究室の先輩や後輩、長澤先生の研究室の方々、同世代の研究者の方々、琉球大学のサークルのメンバー、各地で知り合った昆虫採集仲間、滋賀県立琵琶湖博物館の職員など、様々な方々からの支援やアドバイスを頂きました。本書のページ等の都合により、すべての方の名前を挙げることができませんでしたが、この場を借りてお礼申し上げます。

あとがき

この本を綴っていくために、これまでの10数年の研究生活を振り返ると、つくづく周囲の人に恵まれていたと思う。特に両親は、幼い頃から私のわがままに付き合い、好きなことをするための機会をたくさん与えてくれていた。家には、図鑑や一般向けの科学雑誌が本棚にさりげなく置かれていた。父は多忙の中、夏になると都会から遠く離れた山で、クワガタムシやカブトムシを採りに付き添い、真夜中の薄気味悪い森へ行く子供の私を見守っていた。

いつしか私は成人し、博士号を取得した後、迷走し、研究する人生に悩む。そんな日々を送る中、事あるごとに、私は実家に戻る。父は話を聞き、母は黙って自慢の料理をふるまう。

「孤独と、貧乏に、耐えることです」

父は口癖のように言う。孤独や貧乏がつきまとうのは、大多数の人間とは別の生き方を選択して、好きなことで世を渡る人間の宿命なのかもしれない。

しかし、それでも私は、最高の人生を送っていると思っている。

そもそも、五体満足で生まれ、家庭にも恵まれ、自由にやりたいことをし続けられる。最高としか言いようがない。多くの人は好きなことをやりたくても、健康的、金銭的、家庭環境などの理由、また、不運から諦める道を選ぶ。私は子供の頃は、動物に関わる仕事なら何でも良いと考えていた。そこで、まずは、図鑑の舞台裏を見たいと考え、大学に行き、興味を持った生物を研究することになった。幸い、数多くの発見ができ、その道で食べられるようになった。

動物学の世界は、魅力的だ。研究という共通点で、世界中の人と知り合える。ある事象を追究するために、多くの地域や国を巡る。世界で初めての発見をした瞬間の高揚感は、本人しか味わえない大いなる自己陶酔である。普通に生活をする人生とはまったく異なる世界が見られ、人生を見る目が変わるのである。

「海のクワガタ採集記」は、まだまだ続きそうだ。これからも私は、ウミクワガタの研究を中心に、多くの生き物に出会い、それを取り巻く人たちに出会う。決して良いことばかりではなく、華々しいものでもなく、ほとんどは淡々と目の前に起き、過ぎ去ってゆく。中には、とても感動したり、がっかりしたり、人とすれ違い、時には反発し、酷い目に遭うこともある。

これまでの研究生活を振り返ると、つらいことが多かったが、それが過ぎ去り、内省し、次のステージに向かうと、一つ脱皮した気分になる。そう想うと、良し悪しというものはなく、人の世は、多くの経験をすることに意義があるような気がする。

2-18 Ota, Y. *et al.* (2007) Zool. Sci., **24**: 1266-1277.
2-19 Judith, E. W.（馬渡峻輔・柁原 宏 訳）(2008)『種を記載する：生物学者のための実際的な分類手順』新井書院.
2-20 Ota, Y. *et al.* (2016) Plankton & Benthos Res., **11**: 1-9.
2-22 Grutter, A. S. (1997) J. Fish Biol., **50**: 1303-1308.
2-23 Grutter, A. S. (1996) Mar. Ecol. Prog. Seri., **130**: 61-70.
2-24 Coetzee, M. L. *et al.* (2009) Syst. Parasitol., **72**: 97-112.
2-25 Ota, Y., Hirose, E. (2009a) Zootaxa, **2114**: 50-60.
2-26 Ota, Y., Hirose, E. (2009b) Zootaxa, **2238**: 43-55.
2-27 Ota, Y. (2011) Bull. Natl. Mus. Nat. Sci. Ser. A, Suppl., **5**: 41-51.
2-28 Ota, Y. (2014) Zootaxa, **3857**: 478-500.
2-29 Ota Y. (2015) Syst. Parasitol., **90**: 269-284.
2-30 Heupel, M. R., Bennett, M. B. (2001) Int. J. Parasitol., **29**: 321-330.
2-31 太田悠造（2010）沖縄生物学会誌，**48**: 95-99.
2-32 Ota, Y. *et al.* (2012) Mar. Biol., **159**: 2333-2347.
2-33 Ota, Y. (2012) Zootaxa, Special issue, **3367**: 79-94.
2-34 Ota, Y. (2013) Zootaxa, **3737**: 33-56.

3章　見過ごされた動物を研究する

3-1 長澤和也（2003）『さかなの寄生虫を調べる』成山堂書店.
3-2 太田悠造（2015）うみうし通信，No.86: 8-10.

marine species.org/isopoda on 2015-12-05.

1-19 Horton, T. *et al.* (2016) "World Amphipoda Database" Accessed at http://www.marinespecies.org/amphipoda on 2016-06-18.

1-20 Watling, L. (2016) "Cumacea world database" Accessed at http://www.marinespecies.org/cumacea. Consulted on 2016-06-18.

1-21 Blazewicz-Paszkowycz, M. *et al.* (2012) PLoS ONE 7(4): e33068. doi:10.1371/journal.pone.0033068.

1-22 Kenneth, M. *et al.* (2015) PLOS ONE, doi:10.1371/journal.pone.0124656.

1-23 Hornung, E. (2011) Terr. Arthropod Rev., **4**: 95-130.

1-24 中井克樹（1997）滋賀県立琵琶湖博物館情報誌 うみんど, **3**: 3.

1-25 蒲生重男（1963）甲殻類の研究 , **1**: 73-90.

1-26 熊谷直喜（2007）Sessile Organisms, **24**: 103-109.

2章　海のクワガタ採集記

2-1 田中克彦（2006a）海洋と生物 , **162**: 82-87.

2-2 田中克彦（2006）海洋と生物 , **163**: 199-204.

2-3 Tanaka, K. (2007) Plankton Benthos Res., **2**: 1-11.

2-4 Smit, N. J., Davies, A. J. (2004) Adv. Parasitol., **58**: 289-391.

2-5 太田悠造（2013）Cancer, **22**; 57-63.

2-6 Smit, N. J. *et al.* (2014) Int. J. Parasitol. Parasites Wildl., **3**: 188-197.

2-7 Bruce, N. L. (2009) NIWA Biodiversity Memoir, **122**: 1-252.

2-8 Bird, P. M. (1981) Fish. Bull., **79**: 376-382.

2-9 Dreyer, H., Wägele, J.-W. (2001) Zool., **103**: 157-178.

2-10 Roude, K. ed. (2005) "Marine Parasitology" . CABI publishing, Wellingford, USA and CSIRO PUBLISHING, Collingwood, Australia.

2-11 小林裕和ら（1994）『甲虫』岡島秀治 監修, PHP 研究所.

2-12 Ota, Y. *et al.* (2010) J. Crustcean Biol., **30**: 710-720.

2-13 Tanaka, K. (2004) Crustacean Res., **33**: 51-60.

2-14 Ota, Y. *et al.* (2008) Crustacean Res., **37**: 14-25.

2-15 Upton, N. P. D. (1987) J. Zool., **212**: 677-690.

2-16 Tanaka, K. (2003) J. Mar. Biol. Assoc. U. K., **83**: 95-102.

2-17 Monod T. (1926) Mémoires de la Société des Sciences Naturelles du Maroc, **13**: 1-668.

引用・参考文献、参考ウェブサイト

1章　エビやカニは、甲殻類のほんの一部

1-1 石川良輔 編 (2008)『節足動物の多様性と系統』馬渡俊輔・岩槻邦男 監修, 裳華房.

1-2 Brusca, R. C., Brusca, G. J. (2003) "Invertebrates Second Edition" Sinauer Associates Inc., Sunderland, Massachusetts.

1-3 Iliffe, T. M., Kornicker, L. S. (2009) "Proceedings of the Smithsonian Marine Science Symposium" Lang, M. A. *et al.* eds., Smithson. Contrib. Mar. Sci. **38**: 269-280.

1-4 日本ベントス学会 編 (2012)『干潟の絶滅危惧動物図鑑』東海大学出版会.

1-5 奥谷喬司ら 編 (1997)『無脊椎動物』日高俊隆 監修, 平凡社.

1-6 秋田正人 (2000)『カブトエビのすべて』八坂書房.

1-7 日本付着動物学会 編 (2006)『フジツボ類の最新学』恒星社厚生閣.

1-8 倉谷うらら (2009)『フジツボ』岩波書店.

1-9 Roude, K. ed. "Marine Parasitology" CABI publishing, Wellingford, USA and CSIRO PUBLISHING, Collingwood, Australia.

1-10 朝倉 彰 (2003)『甲殻類学』東海大学出版会.

1-11 長澤和也 (2005)『カイアシ類学入門』東海大学出版会.

1-12 大塚 攻 (2006)『カイアシ類・水平進化という戦略』日本放送出版協会.

1-13 大塚 攻 (1997) タクサ, **2**: 3-12.

1-14 WoRMS Editorial Board (2015) "World Register of Marine Species" Accessed at http://www.marinespecies.org at VLIZ on 2015-12-05.

1-15 Walter, T. C., Boxshall, G. (2016) "World of Copepods database" Accessed at http://www.marinespecies.org/copepoda on 2016-06-18.

1-16 Cohen, A. C. *et al.* (2007) "The Light & Smith Manual: Intertidal Invertebrates from Central California to Oregon." Fourth Ed., Carlton, J. T. ed., University of California Press, Berkeley and Los Angeles, p. 417-446.

1-17 De Grave, S. *et al.* (2009) Raffles Bull. Zool. Suppl. **21**: 1-109.

1-18 Boyko, C. B. *et al.* eds. (2015) "Isopoda statistics. World Marine, Freshwater and Terrestrial Isopod Crustaceans" Accessed at http://www.

ヤ　行

ラ　行

ワ　行

マ　行

タ　行

ナ　行

ハ　行

サ　行

カ　行

索　　引

欧　文

ア　行

著者略歴

太《おお》田《た》悠《ゆう》造《ぞう》

1983年　東京都生まれ
2010年　琉球大学大学院理工学研究科博士課程修了　博士（理学）
現　在　鳥取県立山陰海岸ジオパーク海と大地の自然館学芸員
主　著　『知られざる地球動物大図鑑』（一部監訳，東京書籍）など.

シリーズ・生命の神秘と不思議

海のクワガタ採集記 ― 昆虫少年が海へ ―

2017年　7月　20日　第1版1刷発行

検印省略

定価はカバーに表示してあります.

著作者　太田悠造
発行者　吉野和浩
発行所　東京都千代田区四番町8-1
電　話　03-3262-9166（代）
郵便番号 102-0081
株式会社　裳華房
印刷所　株式会社　真興社
製本所　株式会社　松岳社

社団法人
自然科学書協会会員

ISBN 978-4-7853-5124-3